KB047223

# 이토록 기묘한 양자

# 이토록 기묘한 양자

존 그리빈 지음 강형구 옮김

과학이 세상에 대해 말할 수 있는
가장 기묘한 6가지 이야기

바다출판사

앨리스는 웃으며 말했다.
“그래 봤자 소용없을걸요. 우리가 불가능한 것들을 믿을 수는 없으니까요.”
그러자 여왕이 말했다.
“그건 아마 네가 충분히 연습을 안 해서 그럴 게다. 어렸을 때 나는 매일 30분씩 그런 연습을 했거든. 그래서 가끔씩 나는 아침 식사를 하기 전에 여섯 가지나 되는 불가능한 것들을 믿기도 했지.”

—《이상한 나라의 앨리스》에서

들어가며

# 이게 도대체 무슨 뜻이지?
# 양자 해석의 필요성

양자물리학은 이상하다. 최소한 양자물리학은 우리 인간에게는 이상하다. 왜냐하면 양자 세계의 규칙들, 즉 원자와 아원자 입자 수준에서 세계가 돌아가는 방식(파인만 식으로 말하면, 빛과 물질의 행동)을 통제하는 규칙들은 우리가 '상식'이라 부르는 친숙한 규칙이 아니기 때문이다.

양자 규칙은 우리에게 고양이가 동시에 살아 있기도 하고 죽어 있기도 할 수 있고, 한 입자가 동시에 두 장소에 있을 수 있다고 말하는 것처럼 보인다. 실제로 입자는 파동이기도 하다. 양자 세계의 모든 것은 당신의 선호에 따라서 전적으로 파동을 통해 기술될 수도 있고 입자를 통해 기술될 수도 있다. 에르빈 슈뢰딩거Erwin Schrodinger는 양자 세계를 파동으로 기술하는 방정식을 찾았고, 베르너 하이젠베르크Werner Heisenberg는 양자 세계를 입자로 기술하는 방정식을 찾았다. 폴 디랙Paul Dirac은 실재에 대한 이 두 형태의 이론이 양자 세계에 대한 기술로서 서로 정확히 상응함을 증명했다. 1920년대 말이 되자 모든 것이 분명해졌다. 그러나 일반인뿐만 아니라 많은 물리학자를 크게 괴롭힌 것은 (그때나 이후에나) 어느 누구도 대체 양자 세계에서 무슨 일이 일어나는지 상식적 설명을 하지 못했다는 점이다.

이러한 상황에 대한 대표적인 반응은 문제를 무시하면서 문제가 없어지기를 바라는 것이었다. 당신이 레이저를 설계하거나 DNA의 구조를 설명하거나 양자컴퓨터를 제작하고자 할 때 (당신이 어느 형태를 선호하든) 양자물리학의 방정식은 잘 작동할 것이다. 실제로 수 세대의 물리학도들은 "닥치고 계산이나 해"라는 말을 들었다. 방정식이 무엇을 의미하는지 묻지 말고 그저 숫자만을 처리하라는 말이다. 이는 마치 당신의 두 귀를 손으로 틀어막고 '랄랄라, 나는 아무것도 안 들려'라고 말하

폴 디랙과 베르너 하이젠베르크

는 것과 똑같다. 좀 더 사려 깊은 물리학자들은 다른 방식으로 위안solace을 찾았다. 이들은 양자 세계에서 무슨 일이 일어나는지를 '설명'하기 위해 필사적으로 여러 종류의 처방책을 고안하기에 이르렀다.

한 줌의 위안을 주는 이러한 처방책들은 '해석'이라고 불린다. 방정식의 수준에서 보면 이 해석들은 무엇 하나 다른 것에 비해 더 나을 것이 없다. 물론 특정한 해석을 지지하는 사람들은 자신들이 선호하는 해석이 참된 믿음이고 다른 해석을 지지하는 사람들이 이단이라고 말하겠지만 말이다. 하지만 수학적으로 보면 이 해석들 중 다른 해석보다 더 못한 해석은 없다. 아마도 이는 우리가 무엇인가를 놓치고 있음을 의미할 것이다. 언젠가 세계를 설명하는 아주 멋진 이론이 발견되어 오늘날의 양자이론의 예측들과 동일한 예측을 하면서도 우리를 진정으로 납득시킬지 모른다. 적어도 우리는 그러한 이론이 발견되기를 희망할 수 있다.

나는 양자물리학의 주요 해석 중 일부를 공평하게 검토하는 글을 쓸 필요가 있겠다고 생각했다. 이 해석들은 상식과 비교했을 때 죄다 이상한 소리이며, 그중 어떤 해석은 다른 해석보다 더 이상하게 들린다. 그러나 우리가 사는 이 세계에서 이상하다는 것이 반드시 잘못되었다는 의미는 아니며, 더 이상하다는 것이 더 잘못되었다는 의미도 아니다. 나는 많은 양자 해석 중 여섯 개를 선택했다. 이는 앞에서 등장한《이상한 나라의 앨리스*Alice's Adventures in Wonderland*》의 인용을 정당화하기 위해서였다. 나는 이 해석들이 갖고 있는 상대적인 장점에 대해 나만의 관점을 갖고 있지만, 여기에서는 이런 나의 관점이 잘 드러나지 않도록 했다. 여러분이 책을 읽어나가며 본인의 마음에 드는 해석을 선택하기를 바라기 때문이다. 만약 필자의 관점이 드러나는 경우가 있다면, 여러분은 손으로 귀를 틀어막고 '랄랄라, 나는 아무것도 안 들려'라고 하며 지나가면 된다.

해석들을 제시하기 전에 나는 우리가 해석하고자 하는 것이 대체 무엇인지 명료화하고자 한다. 과학은 많은 경우 띄엄띄엄 떨어진 퍼즐 조각을 맞추면서 진행된다. 이 역시《이상한 나라의 앨리스》의 작가 찰스 루드위지 도지슨Charles Lutwidge Dodgson*을 따라서 두 개의 큰 미스터리에서 시작하는 것이 적절해 보인다.

---

* [역주] 루이스 캐럴의 본명.

차례

미스터리 1

# 파동인가, 입자인가

양자 세계의 기이함은 '이중 슬릿double-slit 실험'이라고 공식적으로 알려져 있는 실험에 집약되어 있다. 양자물리학에 대한 공헌으로 노벨상을 수상한 바 있는 리처드 파인만Richard Feynman은 이를 '두 개의 구멍을 이용한 실험'이라 부르곤 했다. 그는 이 실험이 "고전적인 방식으로 설명하기가 불가능한, **절대로** 불가능한 현상이다. 이 실험은 양자역학의 핵심을 담고 있다. 실제로 이 실험은 **유일한** 미스터리…… 모든 양자역학의 기초적인 특질들을 포함하고 있다*"라고 말했다. 학교 물리 수업 시간에는 이중 슬릿 실험이 빛이 일종의 파동이라는 사실을 '증명'했다고 가르친다. 이를 기억하는 사람들에게 이런 파인만의 발언은 놀랍게 느껴질 것이다.

이 실험에 대한 교과서의 설명에서는 어두운 방에서 빛이 카드나 종잇장 같은 단순한 형태의 스크린에 투사되는데, 스크린에는 두 개의 바늘구멍이 뚫려 있다(또는 어떤 판본에서는 두 개의 좁고 평행한 슬릿이 있다). 첫 번째 스크린 너머에는 아무런 구멍도 없는 두 번째 스크린이 있다. 첫 번째 스크린의 두 개의 구멍에서 나온 빛은 두 번째 스크린까지 이동하며 명과 암의 패턴을 만든다. 빛이 두 개의 구멍에서 퍼져나가는 방식을 회절diffraction이라고 하며 그 패턴을 간섭무늬interference pattern라고 부른다. 왜냐하면 이는 두 개의 구멍에서 하나씩 나온 두 줄기 빛이 퍼져나가며 서로 간섭함으로써 생긴 결과이기 때문이다. 그리고 간섭무늬는 빛이 일종의 파동으로서 이동한다고 가정했을 때 우리가 기대하는 패턴과 정확하게 부합한다. 어떤 곳에서는 파동들이 서로 합쳐져서 두 번째 스크린에 밝은 부분을 만들어낸

---

★ 《물리학 강의》 3권. 이 맥락에서 '양자물리학'이라는 용어와 '양자역학'이라는 용어는 상호 교환 가능하다. '고전'물리학은 상대성이론과 양자이론 이전의 모든 것을 의미한다.

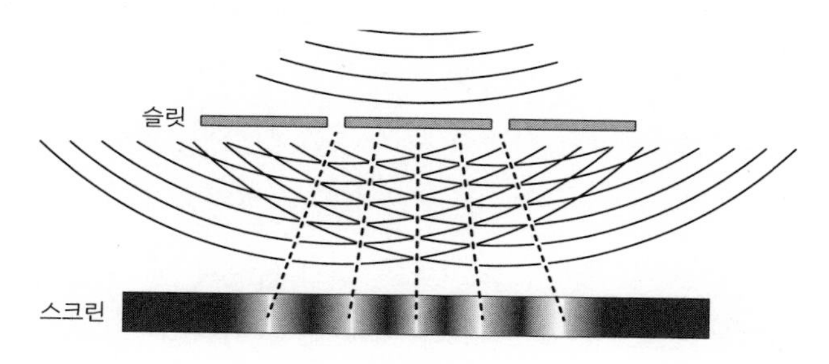

점선은 파동들이 보강되어
스크린에 밝은 부분을 만드는 지점들을 보여준다.

**빛이 스크린의 두 개의 구멍을 통과하면 각 구멍에서 퍼지는 파동이 연못의 잔물결 같은 간섭무늬를 만든다.**

다. 다른 곳에서는 파동의 마루가 다른 파동의 골과 만나 서로 상쇄되어 어두운 부분을 남긴다. 연못에 동시에 두 개의 조약돌을 던졌을 때 생기는 잔물결에서 우리는 정확히 동일한 종류의 간섭무늬를 볼 수 있다. 이와 같은 종류의 간섭이 갖는 독특한 측면 중 하나는 두 번째 스크린 위에 가장 밝은 빛이 첫 번째 스크린의 두 개의 구멍 바로 뒤편이 아니라 이 구멍들 사이의 정확히 중간에 나타난다는 점이다. 빛이 실제로 입자들의 흐름이었다면, 이 부분은 완전히 어두웠을 것이다. 만약 빛이 입자들의 흐름이라면, 우리는 각 구멍 뒤편의 두 번째 스크린 부분이 밝고, 밝은 부분들의 사이가 어두울 거라고 기대하게 된다.

지금까지의 논의에는 전혀 문제가 없다. 이상의 논의는 19세기 초에 토머스 영Thomas Young이 알아낸 것처럼 빛이 파동으로서 이동한다는 것을 증명한다. 불행히도 20세기 초에 또 다른 종류의 실험은 빛이 입자들의 흐름처럼 행동한다는 것을 보여주었다. 이 실험은 빛 광선을 금속 표면에 쬐었을 때 이로부터 전자들이 빠져나오는 현상인 광전 효과photoelectric effect에 관한 것이었다. 방출된 전자들의 에너지를 측정해보니 쪼인 빛의 색깔이 같으면 전자의 에너지는 늘 같음이 드러났다. 밝은 빛을 쬐면 더 많은 전자가 방출되었지만 여전히 이 전자들은 서로 동일한 에너지를 가지고 있었고, 이 빛이 더 약해질 경우 방출되는 전자의 수는 줄어들었지만 이 전자들 역시 동일한 에너지를 갖고 있었다. 이와 같은 현상을 빛은 입자라는 측면에서 설명한 사람이 알베르트 아인슈타인Albert Einstein이었다. 빛의 입자를 그는 광양자light quantum라고 했고, 오늘날 우리는 광자photon라고 부른다. 광자가 나르는 에너지의 양은 빛의 색깔에 의존하지만, 색깔이 같을 경우 모든 광자는 동일한 에너지를 갖는다. 아인슈타인이 말한 것처럼, "이를 설명하는 가장 단순한 개념은 광양자가 그 전체 에너지를 단일한 전자에게 전달한다는 것이다." 빛을 더 세게 하는 것은 그저 더 많은 수의 광자(광양자)를 제공할 따름이며, 각각의 광자는 전자들에게 동일한 에너지를 준다. 아인슈타인이 노벨상을 수상한 것은 상대성이론 때문이 아니라 광전 효과에 대한 연구 때문이었다. 빛을 파동이라고 생각한 지 한 세기가 지나서 물리학자들은 다시 빛을 입자로 고려해야 했다. 그러나 빛을 입자라고 본다면, 어떻게 두 개의 구멍 실험을 설명할 수 있다는

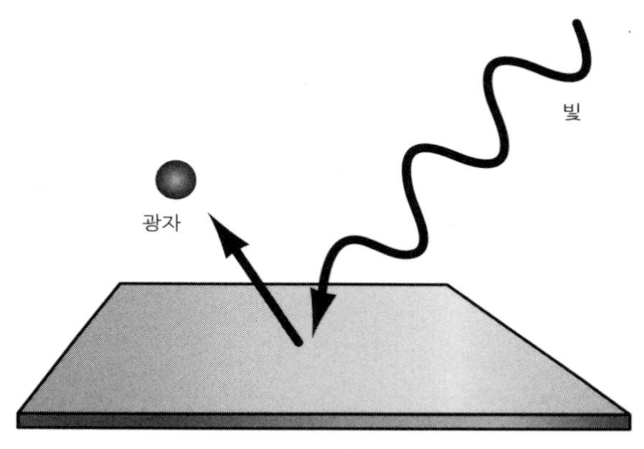


빛을 금속 표면에 쏘면 전자가 방출된다.
이를 광전 효과라고 한다.

말인가?

문제는 점점 더 심각해졌다. 물리학자들은 광전 효과 실험을 통해 빛의 본성이 파동이라는 점에 의심을 품게 되었지만 1920년대에 아원자 세계의 전형적인 입자인 전자가 파동처럼 행동할 수 있다는 증거를 접하고 당혹스러움을 느꼈다. 이 실험에서는 두께가 1만 분의 1밀리미터에서 10만 분의 1밀리미터 사이인 얇은 금박에 전자 빔을 쏘아 금박을 통과한 전자들을 연구했다. 연구는 전자 빔이 금속 내부의 원자 배열 사이를 통과할 때 회절한다는 걸 보여주었는데, 이는 두 개의 구멍 실험에서 빛이 회절하는 것과 똑같았다. 이 실험들을 수행한 조지 톰슨George Thomson은 전자들이 파동임을 증명한 공로로 노벨상을 받았다. 반면 그의 아버지인 J. J. 톰슨은 전자들이 입자임을 증명해 노벨상을 받았다(그는 생전에 아들 조지가 상을 받는 것을 보았다). 두 상 모두 합당한 것이었다. 이보다 양자 세계의 기묘함을 분명하게 보여주는 상황도 없는 듯 보인다. 그러나 이야기는 여기서 끝나지 않는다.

파동-입자 이중성wave-particle duality이라고 알려진 이 퍼즐은 1920년대 이후 계속 양자역학의 의미를 이론화하는 데에서 핵심을 차지했다. 양자역학의 기초에 대한 이와 같은 이론적 작업의 상당 부분을 통해 내가 이제부터 논의할, 물리학자들을 위한 위안(해석)이 제시되었다. 그러나 이 퍼즐은 1970년대에 시작된 일련의 아름다운 실험들을 통해 더욱 더 견고하게 되었으므로, 나는 위안을 찾고자 했던 반세기를 건너뛰어 독자들에게 양자역학의 핵심 미스터리에 관한 최근의 사실들을 알려주고자 한다. 만약 당신이 이제부터 제시되는 이야기를 받아들이기 어렵다고 생각한다면 마크 트웨인의 다음과 같은 말을 기억하기 바란다. "진실은 소설보다 더 이상하다. 소설은 가능성에 구속되어야 하지만 진실은 그렇지 않기 때문이다."

1974년에 세 명의 이탈리아 물리학자인 피에르 조르조 메를리Pier Giorgio Merli, 지안 프랑코 미시롤리Gian Franco Missiroli, 줄리오 포치Giulio Pozzi는 전자들에 대해서 두 개의 구멍 실험과 동일한 현상을 관찰할 수 있는 기법을 발전시켰다. 이들은 빛 줄기(빔) 대신에 전자 빔을 이용했는데, 가열된 전선에서 방출된 전자들을 전자 복프리즘biprism이라 불리는 장치로 이동시켰다. 하나의 입구로 복프리즘에 들어간 전자들은 곧 전자 빔을 둘로 나누는 전기장을 만나, 절반은 하나의 출구로, 나머지 절반은 다른 출구로 나오게 된다. 그 후 전자들은 컴퓨터 스크린과 같은 탐지 스크린에 도착하게 되고, 각각의 전자가 자신이 도착한 곳에 흰 점을 만든다. 점들이 계속 생기고, 점점 더 많은 전자가 실험 장치를 통과하면서 스크린에 무늬가 형성된다. 복프리즘을 통해 발사된 하나의 전자는 50대 50의 확률로 두 출구 중 하나로 이동하며 스크린에 하나의 점을 만든다. 실험에서 많은 수의 전자로 이뤄진 빔을 발사하면, 스크린에 다수의 점이 찍히고 이 점들이 결합해 패턴을 만드는데, 스크린에는 파동이 만드는 것으로 예측되는 간섭무늬가 나타난다. 이 실험 그 자체로 보면 크게 놀랍지는 않다. 설혹 전자가 입자라고 하더라도 빔에는 많은 수의 전자가 있어 이들이 실험 과정에서 서로 상호작용하여 간섭무늬를 만들 수 있기 때문이다. 어쨌든 물결파도 간섭무늬를 만들고, 물은 입자로 간주할 수 있는 분자로 이뤄져 있으니 말이다. 그러나 이야기는 여기서 끝나지 않는다.

이탈리아에서 행해진 이 실험은 너무도 정밀해 복잡한 공항에서 출발하는 항공기처럼 한 번에 하나씩 개별 전자들을 발사할 수 있었다. 또한 전자들은 상당히 여유

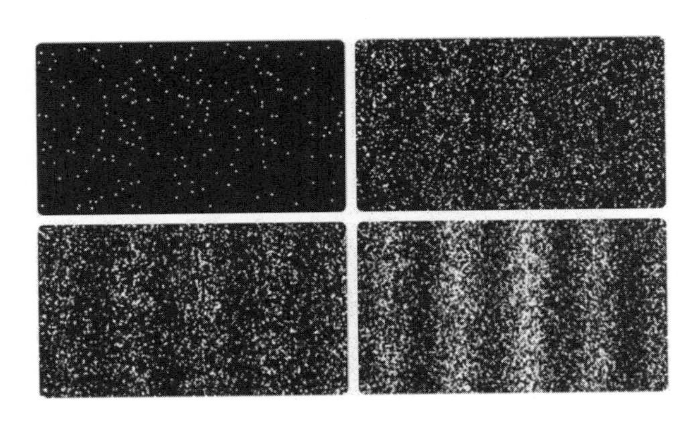

빛 방울들이 만드는 간섭 무늬

있는 간격으로 발사되었다. 전자 발사 장치(뜨거운 전선보다 약간 더 복잡한 장치)와 탐지 스크린 사이의 거리는 10미터였고, 각각의 전자는 앞서 출발한 전자가 이미 목적지에 도착한 이후에야 비로소 출발했다. 실험을 통해 순차적으로 수천 개의 전자들이 발사되었을 때 이들이 탐지 스크린 위에 어떤 패턴을 만들었을지 여러분도 추측할 수 있을 것이다. 이번에도 이들은 간섭무늬를 만들었다. 만약 개별 입자들이 물 분자들이 무늬를 만들기 위해 상호작용하는 것과 동일한 방식으로 서로 상호작용했다면, 이는 시간과 공간 모두에 걸쳐 일어난 것이다. 이와 같은 종류의 실험은 '단일 전자 이중 슬릿 회절'이라고 알려져 있다.

빛의 이중 슬릿 실험과 동일한 실험에서 전자들을 한 번에 하나씩 발사하면 각각의 전자는 탐지 스크린 위에 하나의 빛 방울을 만든다. 그러나 이러한 방울들은 시간이 지남에 따라 마치 자신들이 파동인 것처럼 간섭무늬를 형성한다(옆 페이지의 사진을 보라).

이탈리아 물리학자 팀이 이러한 당혹스러운 결과를 1976년에 발표했음에도 이들은 물리학계에 큰 반향을 일으키지는 못했다. 그 시절에는 양자역학이 잘 작동하기만 하면, 즉 계산을 하고 실험 결과를 정확하게 예측하는 데 방정식들을 이용할 수 있으면 만족했고, 양자역학이 **어떻게** 작동하는지에 대해서 고민하는 물리학자는 극소수였다. 하나의 전자 또는 전자들의 빔이 어떻게 A에서 B로 가는지는 텔레비전 수상기를 디자인하는 엔지니어에게 중요한 문제가 아니었다. 이렇게 비유할 수 있다. 보닛 아래에서 무슨 일이 벌어지는지 전혀 관심이 없는 카레이서도 자동차를 경주로에서 아주 빠른 속도로 운전하는 데에는 별 문제가 없는 것과 같은 이치다. 앞서 언급했듯이 도대체 양자역학의 방정식이 **왜** 작동하는지를 알고자 했던 학생들은 다음과 같은 농담조의 충고를 들었다. "입 닥치고 계산이나 해." 즉 방정식을 이용하되 그것이 무엇을 의미하는지에 대해서는 고심하지 말라는 말이다.

이와 같은 태도는 1980년대에 점점 더 문제시되었는데, 이는 특히 내가 미스터리2에서 설명할 발전 때문이었다. 토노무라 아키라外村彰가 이끄는 일본 연구팀은 이탈리아 선구자들의 실험과 유사한 실험을 1980년대 후반의 더 발전된 기술을 이용해서 수행했다. 1989년에 출판된 이들의 실험 결과는 전보다 더 큰 반향을 일으켰다. 그리하여 2002년에 과학 잡지《물리학 세계*Physical World*》의 독자들을 대상으로 한 투표에서 단일 전자 이중 슬릿 회절 실험이 '물리학에서 가장 아름다운 실험'으로 선정되었을 정도였다. 그러나 이 실험의 세부사항 중 다소 트집을 잡을 수 있을 만한 사항이 하나 있었다. 전자 복프리즘 실험에서는 빛을 이용한 고전적인 이중 슬릿 실험의 첫 번째 스크린과 같은 물리적 장애물이 없었고 복프리즘 장치를 통한 두 가지의 경로 또는 '채널'이 항상 열려 있었다. 2008년 줄리오 포치는 그의 또 다른 동료들과 함께 여기에서 한발 더 나아가기로 한다. 그들은 얇은 스크린에 나노 크기의 구멍을 뚫어 진짜 물리적인 이중 슬릿을 만든 뒤, 여기에 전자를 한 번에 하나씩 통과시켜 다른 편에 있는 스크린에 탐지되도록 실험을 설계했다. 여러분의 예상처럼 탐지 스크린에 도착한 전자들은 간섭무늬를 형성했다. 그러나 이탈리아 연구팀이 두 구멍 중 하나를 막고 실험을 재개했을 때는 간섭이 나타나지 않았다. 탐지 스크린에는 첫 스크린의 구멍과 나란한 곳에 단순한 빛 방울 패턴이 형성되었고, 이는 전자가 입자처럼 행동할 때 예상되는 패턴이었다. 그런데 이 실험에서 스크린에 뚫린 구멍을 홀로 이동하는 각각의 전자는 어떻게 근처에 이동 가능한 다른 구멍이 있으며 그것이 열려 있는지 닫혀 있는지 '알'고, 그에 따라 차후 경로를 조정하는 걸까?

이 다음 단계로 나아가는 실험은 이론적으로 명백했지만 이를 실제로 구현하는 것은 무척 어려운 문제였다. 그것은 전자가 이동하는 나노 크기의 두 구멍을 전자들이 이동 중일 때 열거나 닫을 수 있는 장치를 마련하는 것이었다. 전자들이 출발한 이후 실험 장치를 변경함으로써 전자들을 속일 수 있을까? 이와 같은 도전을 받아들인 것은 독일 태생의 헤르만 바텔란Herman Batelaan이 이끄는 미국 연구팀이었다. 이들은 자신들의 실험 결과를 2013년에 발표했다. 나는 전작인 《양자 미스터리*The Quantum Mystery*》에서 아주 정확한 수치를 들며 이 실험을 기술한 적이 있다. 여기서 다시 그 내용을 살펴보고자 한다.

실험 물리학자들은 금으로 도금한 실리콘 막에 두 개의 구멍을 만들었다. 막의 '두께'는 100나노미터였고 도금한 금의 두께는 2나노미터였다. 각 구멍의 너비는 62나노미터였으며, 길이는 4마이크로미터였다(1나노미터는 10억 분의 1미터이고, 1마이크로미터는 100만 분의 1

미터다). 나란한 두 구멍은 서로 272나노미터 떨어져 있었고(한 구멍의 중심에서 다른 구멍의 중심까지 측정했을 때), 이 중요한 새로운 장치에는 자동 장치(압전 소자 구동기piezoelectric actuator)를 통해 구동되는 작은 셔터가 있어 막을 가로지르며 이쪽 혹은 저쪽 구멍을 막을 수 있었다.

실험에서 전자들은 초당 한 개의 비율로 장치를 통과했으며 스크린에 패턴이 형성되는 데 2시간이 걸렸다. 실험의 전 과정은 비디오로 녹화되었다. 여러 차례 실험을 반복하면서 연구팀은 두 구멍이 모두 열려 있는 경우, 하나의 구멍이 닫혀 있는 경우, 한 구멍을 막고 있다가 다른 구멍을 막기 위해 셔터가 움직이는 경우에 무슨 일이 일어나는지를 관측했다. 예상했던 것처럼 두 구멍 모두 열려 있을 때는 간섭무늬가 형성되었으나, 나머지 두 경우에서는 간섭무늬가 형성되지 않았다. 이탈리아 및 일본에서 수행된 실험들에 의해 드러난(혹은 입증된) 모든 미스터리와 더불어 이번에도 전자들은 몇 개의 구멍이 열려 있는지 '알'고 있는 듯 보였다. 각각의 전자들은 자신이 장치를 통과하는 시간에 정확히 실험이 어떻게 설정되어 있는지뿐만 아니라 이전의 전자에게 무

리처드 파인만

슨 일이 있었고 이후의 전자에게 무슨 일이 일어날지를 '아는' 것 같았다.

리처드 파인만은 반세기 전에 이런 일이 일어날 것이라고 예측했다. 파인만은 당시 사람들이 빛의 행동에 대해 알고 있던 바와 전자 파동의 발견에 근거해 전자를 이용한 이중 슬릿 실험을 상상했다. 그는《물리학 강의*Lectures on physics*》에서 "우리가 실제로 시도할 수 없는" 사고실험을 기술하겠다고 말했다. 왜냐하면 "우리가 관심을 갖고 있는 효과들을 보여주기 위해서는 장치를 불가능할 정도로 작은 규모로 만들어야 할 것이기 때문이다." 1965년에는 불가능했던 일이 2013년에는 가능한 것으로 밝혀졌다. 만약 파인만이 이 결과를 알았더라면 기뻐했을 것이다. 그는 무엇보다도 나노 기술에 매혹된 사람이었기 때문이다. 바텔란과 동료들은 "파인만의 사고실험을 완전하게 구현"했다. 실제로 이 실험은 양자 세계의 핵심 미스터리를 적나라하게 드러냈다. "양자물리학의 핵심이자…… 유일한 미스터리"를. 그리고 그 누구도 세계가 어떻게 그렇게 작동할 수 있는지 알지 못한다.

미스터리 2

# 유령과 같은 원격 작용

논의를 더 전개하기 전에 이중 슬릿 실험에서 얻을 수 있는 또 하나의 교훈을 살펴보는 것이 중요하다. 전자와 같은 대상들은 우리 눈에는 동시에 파동이면서 입자처럼 행동하는 것으로 보이지 않는다. 실험에서 이들은 파동처럼 이동하는 것으로 보이지만 탐지 스크린에 도착할 때면 입자처럼 보인다. 이들은 때로는 **마치** 파동**인 것처럼** 행동하고, 때로는 입자**인 것처럼** 행동한다. 여기서 '**마치 ~인 것처럼**'이라는 표현이 중요하다. 우리에게는 양자적 개체들이 '실제로 무엇인지'를 알 수 있는 방법이 없다. 왜냐하면 우리는 양자적 개체들이 아니기 때문이다. 우리는 그저 파동과 입자처럼 우리가 직접적으로 경험하는 것들을 통해 비유를 들 수 있을 뿐이다. 물리학자 아서 에딩턴Arthur Eddington은 이와 같은 점을 1929년에 기억할 만한 형태로 지적한 바 있다. 그는 자신의 책 《물리적 세계의 본성*The Nature of the Physical World*》에서 다음과 같이 말했다.

> 전자에 관해서는 친숙한 형태의 개념을 만들 수가 없다. …… 알려져 있지 않은 무언가가 우리가 알지 못하는 무엇인가를 하고 있다. [이는] 특별하고 명쾌한 이론으로 보이지 않는다. 나는 다른 곳에서 이와 비슷한 것을 읽은 적이 있다.
>
> 끈적하고 유연한 토브들이
> 해시계 주변 잔디밭을 긁어 구멍을 냈네.*

---

* [역주] 루이스 캐럴의 《거울 나라의 앨리스》에 나오는 난센스 시 〈재버워키*Jabberwocky*〉의 한 구절로, 원문은 "The slithy toves / Did gyre and gimble in the wabe."이다. 험프티 덤프티의 해석에 따르면 토브는 오소리, 도마뱀, 코르크스크루를 닮은 생명체로 해시계 아래에 둥지를 틀며 치즈를 먹고 산다고 한다.

실제로 우리는 두 개의 구멍을 이용한 실험에서 파동이자 입자로 행동하는 전자들보다는 땅을 긁어 구멍을 내는 끈적하고 유연한 토브들을 생각하는 편이 나을지도 모른다. 나는 지나친 남발을 막기 위해서 양자 세계의 사건 또는 개체를 언급할 때마다 '마치 ~인 것처럼'이라는 수식어를 사용하지는 않을 것이다. 그러나 독자 여러분은 책을 읽으면서 이 수식어를 감안하여 내용을 받아들이시라.

사실상 '긁다gyre'는 전자나 다른 '입자'의 근본적인 양자적 속성을 지칭하기 위해 일반적으로 사용되는 '스핀spin'보다 더 나은 용어일 수 있다. 스핀은 파동이나 입자처럼 편하고 친숙한 용어로 이들과 마찬가지로 오해를 불러일으킨다. 무엇보다 양자역학의 방정식은 양자적 개체가 처음 시작한 위치로 돌아오기 위해서는 두 번 회전해야 한다고 말한다. 그것이 물리적 용어로 무엇을 의미하든 간에 말이다(분명히 나는 이를 그림으로 나타낼 수가 없다). 하지만 스핀은 다수의 양자 현상을 논의할 때 유용한 속성이다. 왜냐하면 스핀은 '위 방향up'과 '아래 방향down'이라는 두 가지 종류의 상태로 생각할 수 있기 때문이다. 이런 접근은 끔찍하게 복잡했을 논의를 단순하게 만들어준다.

이를테면 확률이 그렇다. 양자역학의 맥락에서 확률 개념을 단단한 수학적 기반 위에 놓은 것은 독일의 물리학자 막스 보른Max Born이었다. 그러나 심도 있는 수학적 논의 없이도 우리는 전자 스핀(또는 에딩턴이 선호할 법한 용어인 긁는 토브)의 사례들을 통해 확률의 중요성에 대한 감을 잡을 수 있다. 양자역학의 방정식들을 이용해서 원자가 공간에 전자를 방출하는 실험(이는 실제 실험으로 베타 붕괴라고 불린다)을 기술할 수 있다. 이상적인 실험에서 전자는 명확한 스핀을 갖는다. 스핀은 위 방향이거나 아래 방향이다. 그러나 스핀의 값이 무엇이 될지 사전에 말할 수 있는 방법은 없다. 각각의 확률은 50 대 50이다. 만약 당신이 실험을 1000번 하거나 동시에 원자 1000개로 실험할 경우, 당신은 전자 500개(여기서 몇 개를 더하거나 뺀 값일 수 있다)의 스핀이 위 방향이고 나머지 전자 500개의 스핀이 아래 방향임을 발견할 것이다. 하지만 만약 당신이 전자 하나를 골라 스핀을 측정한다면, 당신은 전자를 들여다보기 전까지 그 전자의 스핀이 무엇인지 말할 수 없다.

여기까지는 놀랄 만한 내용이 없다. 그러나 아인슈

타인은 양자이론의 방정식들이 서로 반대 방향으로 날아가는 두 전자에 대해서 매우 놀라운 사실을 예측한다는 것을 깨달았다.* 특정한 상황에서는 보존 법칙이 적용되는데, 이 법칙에 따르면 전자들은 반대의 스핀, 즉 하나는 위 방향이고 다른 하나는 아래 방향인 스핀을 가져서 결과적으로는 두 스핀이 서로 상쇄되어야 한다. 그러나 양자역학의 방정식에 따르면 방출원에서 방출되었을 때 전자들은 명확한 스핀을 갖지 않는다. 전자 각각은 위 방향과 아래 방향 상태가 섞여 있는 중첩superposition이라고 불리는 상태로 존재하며, 다른 무언가와 상호작용할 때 비로소 확률의 규칙들에 따라서 어떤 스핀을 가질지 '결정'할 뿐이다. 아인슈타인이 포착한 문제의 핵심은 다음과 같다. 만약 전자들이 서로 다른 스핀을 가져야 한다면, 전자 A가 위 방향 스핀을 갖도록 '결정'하는 순간 전자 B의 스핀은 아래 방향이 돼야 한다. 이는 두 전자가 얼마나 떨어져 있든지 상관이 없다. 아인슈타인은 이를 '유령과 같은 원격 작용spooky

* 아인슈타인은 실제로 이러한 놀라움을 약간 다른 용어들로 논의한 바 있으나, 스핀 버전의 설명이 좀 더 다루기가 쉽다.

action at a distance'이라 불렀다. 왜냐하면 언뜻 보기에 이는 전자들이 빛보다 빠른 속도로 상호 통신을 하는 것처럼 보이기 때문이다. 이는 특수상대성이론에서는 금지되어 있는 일이다.

아인슈타인은 두 명의 동료인 보리스 포돌스키Boris Podolsky, 네이선 로젠Nathan Rosen의 도움을 받아 이 생각을 발전시켜 1933년에 과학 논문으로 출간했다(몇몇 사람은 아인슈타인이 도움이 아닌 방해를 받았다고 보는데, 불분명한 표현으로 논증이 명료하게 드러나지 않았기 때문이다). 이 논문은 저자들의 이름 첫 글자를 따서 EPR 논문으로 알려졌으며, 아인슈타인이 제시하고자 한 논점은 EPR 역설로 알려졌다. 실제로 이는 역설이 아니었고 하나의 퍼즐에 불과했지만 말이다. 1935년에 또 다른 유명한 '역설'을 제시한 과학 논문에서 슈뢰딩거는 '유령과 같은 원격 작용'에 의해 연결된 것처럼 보이는 두 양자계의 작동 방식에 '얽힘entanglement'이라는 이름을 붙였다. EPR 논문은 다음과 같이 주장했다. 양자이론은 "[두 번째 계의 속성들의] 실재성을 첫 번째 계에서 수행되는 측정 과정에 의존하게 만든다. 첫 번째 계의 측정이 두 번째 계를 어떤 식으로든 교란시키지 않는데도 말이다. 실재에 대한 그 어떤 합리적인 정의도 이와 같은 상황을 허용하지 않는 것처럼 보인다." 이 퍼즐에 대한 아인슈타인과 그의 동료들의 해결책은 다음과 같았다. "따라서 우리는 다음과 같은 결론에 이를 수밖에 없다. 물리적 실재에 대한 양자역학적 기술은…… 불완전하다." 아인슈타인은 그 기저에 숨은 변수hidden variables라고 알려진 특정한 종류의 기제가 틀림없이 있을 거라고 생각했다. 그 숨은 변수는 전자가 방출원에서 떠나 이동하는 동안 스핀 방향을 위나 아래로 선택하는 것이 아니라 모든 것이 이미 결정되어 있다고 말해줄 것이다.

EPR 논문의 출판이 전문가들 사이에서 열띤 논쟁을 불러일으키긴 했지만, 얽힘이 가진 함축을 이해하기 위한 진정한 진보는 30년 동안 늦춰졌다. 이런 지연이 일어나게 된 주된 원인은 당대의 가장 저명한 수학자 중 한 명이었던 존 폰 노이만John von Neumann이 EPR 논문이 출판되기 전인 1932년에 출판한 양자역학에 관한 영향력 있는 책에서 실수를 범했기 때문이다. 이 책에서 폰 노이만은 숨은 변수 이론이 양자 세계의 행태를 설명하지 못한다는, 즉 숨은 변수 이론이 불가능하다는 '증명'을 제시했다. 폰 노이만은 너무도 저명한 인물이었기에 모든 사람이 그의 방정식을 검증하지 않은 채 그의 증명을 믿었다. 정확하게 말하자면 대부분의 사람들이 믿었다. 독일의 젊은 연구자인 그레테 헤르만Grete Hermann은 폰 노이만의 추론에서 오류를 발견하고 이를 환기시키는 논문을 1935년에 출판했지만, 실린 곳이 물리학자들이 읽지 않는 철학 학술지였기 때문에 훨씬 뒤에야 물리학자들이 이 논문을 발견할 수 있었다. 앞으로 살펴볼 두 번째 해석에서 살펴볼 내용으로, 비록 폰 노이만의 실수가 사람들이 '불가능한' 숨은 변수 이론에 대해 연구하는 것을 전적으로 막지는 못했지만, 한 물리학자가 등장해 폰 노이만의 논증을 분석하고 무엇이 틀렸는지를 보이며 숨은 변수라는 개념에 다시 힘을 불어넣은 것은 1960년대 중반이 되어서였다. 그러나 그가 숨은 변수를 부활시킨 것을 아인슈타인은 달가워하지 않았을 것이다. 왜냐하면 그는 모든 숨은 변수 이론이 아인슈타인이 혐오했던 유령과 같은 원격 작용, 더 잘 알려진 공식적인 용어로는 비국소성non-locality을 포함해야 한다는 것을 증명하기도 했기 때문이다.

그 물리학자는 존 벨John Bell이었다. 벨은 CERN, 즉 유럽입자물리연구소에서 일하던 물리학자였는데, 잠시 동안 쉬는 시간을 얻어 미국에서 몇 달간 머무르면서 자유롭게 연구하는 시간을 가졌다. 그가 자신의 일상에서 벗어나 휴식을 취했던 이 기간 동안에 나온 두 편의 논문은 파동-입자 이중성의 발견 이래로 그 어떤 것보다도 양자 세계에 대한 '모든 사람의 앎'을 크게 바꾸어놓았다. 먼저 벨은 폰 노이만의 논증에서 무엇이 잘못되었는지를 설명했다. 다음으로 그는 비국소성의 효과들을 시험할 수 있는 실험을 고안하는 것이 어떻게 원리상으로 가능한지 보였다. 좀 더 정확히 말해 그 실험은 '국소적 실재local reality'라는 가정을 시험할 것이었다. 여기서 '국소적'이란 유령과 같은 원격 작용이 존재하지 않음을 의미한다. 사물들은 오직 인접한 곳에 있는 다른 사물들에만 영향을 미치며, 다시 인접성은 특정한 시간 동안 빛이 얼마나 멀리 갈 수 있는지로 정의된다. 반면 '실재'란 누군가가 지켜보거나 측정하는지의 여부와 상관없이 존재하는 실제 세계가 있다는 개념이다. 양자 세계의 확률적 본성 때문에 벨은 장치를 통과하는 다수의 입자 쌍들(전자나 광자 쌍 등)에 대한 측정을 필요로 하는 실험을 제안했다. 그의 가설적 실험은 많은 수의 실행 이후 두 부류의 측정 결과가 생성되도록 고안되었다. 만약 한 부류의 결과가 다른 부류의 결과보다 클 경우, 이는 국소적 실재성의 가정이 타당함을 증명할 것이었다. 이 비율은 '벨의 부등식Bell's Inequality'으로 알려졌고, 그가 제시한 일련의 생각들은 '벨의 정리Bell's Theorem'로 알려졌다. 그러나 만약 다른 부류의 결괏값이 더 크다면, 벨의 부등식이 위배되고 이는 국소적 실재성의 가정이 옳지 않음을 의미할 것이었다. 만약 양자역학이 옳다면 벨의 부등식은 위배되어야만 한다. 이 경우 우리는 유령과 같은 원격 작용이 일어나는 실제 세계를 얻게 된다. 그게 아니라면 국소적 실재성을 유지할 수는 있지만, 우리는 관측되기 전까지는 그 어떤 것도 실재하지 않는다고 말해야 하는 대가를 치러야만 한다.

많은 물리학자가 인정하는 바는 아니지만, 물리학자들은 이전에 이와 비슷한 상황을 겪은 적이 있다. 17세기에 로버트 훅Robert Hooke과 아이작 뉴턴Isaac Newton이 중력에 대한 자신들의 생각을 발전시켰을 때, 이들은 달과 지구 사이에서 서로 끌어당기는 힘이 작용하여 달이 지구 주위 궤도를 돌고 있으며, 행성들이 태양 주변에서 궤도 운동을 하는 것 역시 동일한 종류의 힘에 의한 것임을 깨달았다. 이들은 중력이 원격 작용임을 인지했다.

닐스 보어와 알베르트 아인슈타인

비록 두 사람 모두 중력을 '유령과 같다'라고 기술하지는 않았지만, 이들은 중력이 어떻게 작용하는지 몰랐고, 그래서 뉴턴은 "나는 가설을 만들지 않는다*Hypotheses non fingo*"라는 유명한 말을 남겼다(라틴어로 쓰인 이 말의 뜻은 '중력이 어떻게 작동하는지에 대한 당신의 추측은 나의 추측과 별다르지 않다'는 것이다). 뉴턴은 우리가 양자 원격 작용에 당혹스러워하는 만큼이나 중력 원격 작용에 당혹스러워했다. 20세기에 이르러 아인슈타인은 일반상대성이론으로 유령과 같은 중력 원격 작용의 개념을 물질의 존재에 의해 유발되는 공간 구조의 뒤틀림 개념으로 대체했다(비록 몇몇 사람들은 이러한 개념 또한 유령 같다고 생각했음을 인정해야 하지만 말이다). 아마도 언젠가 유령 같은 양자 원격 작용은 어떤 미래의 아인슈타인에 의해서 좀 덜 유령 같은 개념으로 대체될 것이다. 왜냐하면 이제 여러 실험을 통해 이 현상이 실재한다고 증명되었기 때문이다.

벨이 제시한 유형의 실험을 실제로 수행하는 일은 1960년대 중반에 실현 가능했던 기술을 넘어서는 것이었고, 벨은 그와 같은 실험이 실제로 수행될 수 있을 거라고 기대하지 않았다. 그러나 1980년대 초반에 (전자가 아닌 광자를 이용하여) 실험들이 수행되었고, 그 결과는 벨의 부등식이 위배됨을 증명했다. 그 이후 기술적으로 더 정교해진 여러 실험이 수행되면서 이를 입증했다. 국소적 실재성은 세계에 대한 타당한 기술이 아니었다. 벨은 1990년 제네바에서 있었던 회의에서 다음과 같이 말했다. "나는 양자역학과 부합하는 그 어떤 국소성 개념도 알지 못한다. 따라서 내 생각에 우리는 비국소성을 받아들여야만 할 것 같다." 아마도 아인슈타인은 '실재에 대한 그 어떤 합리적 정의'도 이를 허용하지 않으리라 느꼈겠지만, 우리는 실재가 (아인슈타인의 용어를 빌리자면) 비합리적이라는 결론을 내려야만 한다. 그러나 이 모든 것의 가장 인상적인 특성은 흔히 간과된다. 비록 벨의 정리의 출발점이 양자물리학을 이해하려는 시도였고 이러한 논의들이 양자물리학에 관한 회의에서 이루어졌다 해도, 그 결과가 오직 양자역학에만 적용되는 것은 아니다. 이 결과는 전 세계, 전 우주에 적용된다. 당신이 세계가 어떻게 작동하는지에 대한 하나의 기술로서 양자물리학이 언젠가 다른 것에 의해 대체될 것이라고 생각하든 생각하지 않든, 이 결론은 달라지지 않을 것이다. 실험은 국소적 실재성이 우주에 적용되지 않음을 보여준다. 당신이 실재를 유지하고 비국소성을 받아들임으로써 위안을 얻을지, 아니면 국소성을 유지하고 실재를 버림으로써 위안을 얻을지는 앞으로 우리가 보게 될 것처럼 개인이 무엇을 선호하는지의 문제다. 그러나 두 가지 모두를 선택할 수는 없다(물론 둘 중 어떤 것도 선택하지 않을 수는 있지만 당신은 머리가 무척 아플 것이다). 지끈거리는 머리를 조금은 식혀줄 위안을 찾기 전에 얽힘에 관한 최근 이야기들을 살펴보는 것이 도움이 될 것이다. 왜냐하면 얽힘은 매우 중요한 방식으로 응용되고 있기 때문이다.

이러한 응용 중에는 양자 전송quantum teleportation이라 알려진 현상이 포함된다. 양자 전송은 오늘날 실험적으로 증명된 다음과 같은 사실에 의존한다. 만약 두 광자와 같이 두 개의 양자적 개체가 얽혀 있다면, 둘이 얼마나 떨어져 있든 둘 중 하나에게 일어나는 일은 다른 하나에게 영향을 미친다. 사실상 이 둘은 단일한 양자적 개체의 분리된 부분들이다. 이 현상은 빛보다 빠른 속도로 정보를 운반하는 데 사용되지는 못한다. 왜냐하면 각각의 입자에 일어나는 일들은 확률과 무작위성을 포함하고 있기 때문이다. 만약 한 광자의 무작위적인 양자 상태를 바꾸는 경우, 다른 광자는 동시적으로 다른 양자 상태로 변경된다. 그러나 두 번째 광자만을 관찰하는 사람은 확률의 규칙들을 따르는 무작위적인 변화만을 볼 수 있을 뿐이다. 이와 같은 변화를 이용해 정보를 전달하기 위해서는 첫 번째 광자를 변경시키는 사람이 (빛보다 느린) 통상적인 수단을 이용해서 두 번째 광자를 관찰하고 있는 사람에게 무슨 일이 일어나고 있는지 메시지를 전달해야 한다. 그러나 하나의 광자를 특정한 방식으로 변경시킴으로써 두 번째 광자를 첫 번째 광자의 정확한 복제품으로 만드는 것이 가능하다(때때로 이를 '클론'이라 부른다). 이때 첫 번째 광자의 상태는 사라져 버리고 만다. 결과적으로 첫 번째 광자가 두 번째 광자가 있는 장소로 원격 전송된 것이다. 하지만 첫 번째 광자의 상태는 사라져버렸으니 이를 복제라고 할 수 없다. 이 경우에도 빛보다 느린 과정을 통해 추가 정보가 전달되어야만 정보 전송 절차는 완성된다. 원격 전송은 정보를 전달하지만 이는 '양자 경로'와 '고전적 경로' 모두를 필요로 한다.

이와 같은 시스템을 개발하기 위해 엄청난 노력을 들여 연구가 진행되었다. 왜냐하면 이 기술은 산업과 정부 모두에게 막대한 가치를 가지는 해킹 불가능한 암호 생성에 이용될 수 있을 것으로 여겨졌기 때문이다. 이 기술의 핵심은 다음과 같다. 만약 누군가가 양자 경로를 해킹하려고 한다고 해보자. 이 경우 데이터는 변화되어 쓸모없어지고 간섭이 있다는 것이 드러나게 된다. 해커가 고전적인 경로를 해킹하는 건 전혀 문제가 되지 않는다. 양자 암호 제작자들이 말하는 것처럼, 이때의 전송 내용은 해커가 알 수 있도록 신문이나 소셜 미디어에 공개해도 무방하다. 암호화된 정보를 해독하기 위해서는 두 개의 경로가 모두 필요하다. 얽힘은 요즘 신문 헤드라인에 자주 올라오는 주제인 양자컴퓨터 개발과도 관련이 있다. 연구자들은 정보를 완전히 안전하게 공유하기 위해 양자 계산, 얽힘, 원격 전송을 이용해서 전적으로 안전한 양자인터넷을 구현한다는 비전을 갖고 있다.

이와 같은 종류의 실험들은 이제 실험실 밖으로 나와서 전 세계와 그 너머로 나아갔다. 2012년에 중국의 한 연구팀은 이러한 방법으로 너비가 97킬로미터에 이르는 칭하이호青海湖를 가로질러 양자 정보를 원격 전송했다. 같은 해에 유럽 연구팀은 카나리아제도에 있는 라팔마섬과 테네리페섬 사이의 143킬로미터를 지나 광자들을 원격 전송했다. 두 실험 모두 벨의 부등식이 위배됨을 묵묵히 입증했다. 벨의 부등식이 위배된다는 사실은 오늘날의 물리학자들이 사과가 나무에서 떨어진다는 사실만큼이나 당연하게 받아들인다.

카나리아제도에서의 실험은 해발 약 2400미터 산 위의 지상기지에서 이루어졌는데, 이곳은 대기층이 얇아서 대기의 간섭을 줄일 수 있었다. 공기는 올라갈수록 더 희박해진다. 라팔마섬에서 위로 143킬로미터 조금 못 미치는 지점까지 오르면 우리는 우주의 언저리에 이르게 된다. 중국은 2016년에 위성 묵자(고대 중국의 철학자 이름을 딴 것이다)를 발사했고, 이 위성에서 얽혀 있는 광자 쌍들로 이루어진 빔을 티베트 산지 위의 수신기지와 여기에서 1200킬로미터 떨어져 있는 다른 수신기지로 전송했다. 실험 과정에서 위성은 대략 초속 8킬로미터의 속도로 움직이면서도 광자 빔을 표적에 정확히 맞췄다. 이는 그 누구도 부정할 수 없는 기술의 승리였으며, 광자들의 행동은 벨의 정리가 제안한 예측들을 입증했다. 햇빛이 탐지기를 교란하기 때문에 실험은 밤에만 이루어졌다. 지상에서 광자들을 '복원'하는 데 성공하는 비율은 위성에서 보낸 600만 개의 광자 중 하나 꼴이었다(다행히도 광자는 비싸지 않다). 그러나 이후 낮에도 탐지될 수 있을 정도의 강한 빔을 갖춘 일련의 위성들을 이용해 양자통신망의 기초를 다지고 지상에서 위성으로 광자들을 원격 전송하려는 계획이 수립되었다. 아마 독자들이 이 글을 읽을 무렵에는 더 많은 발전이 이뤄지고 이를 보도하는 기사들이 나와 있을 것이다. 그러나 기술자들이 계속 '닥치고 계산이나 해'라는 조언을 따를 수 있는 반면, 여전히 물리학자들은 이 모든 것이 무엇을 의미하는지에 대해서, **왜** 세계의 작동 방식이 이러한지에 대해서 의견의 일치를 이루지 못하고 있다.

이제 물리학자들이 위안을 찾는 몇몇 방식들을 자세히 살펴볼 때가 되었다. 지상으로 돌아오기 위해 두 개의 구멍을 이용한 실험을 다시 한번 생각해보자. 그 실험에서 각각의 전자는 마치 몇 개의 구멍이 열려 있고 자신이 어디로 가는지 '아는' 것처럼 보인다. 유령과 같은 원격 작용인 얽힘이 이 상황에서도 잘 들어맞을까? 서로 다른 방향으로 움직이는 두 광자로 이루어진 쌍이 실제로는 단일한 양자계의 부분이라면, 우리는 전체 이

중 슬릿 실험과 전자—모든 전자?—를 단일한 양자계의 부분으로 간주할 수 있지 않을까? 구멍들의 상태 또한 전자 상태의 한 부분이기 때문에 전자는 어떤 구멍이 열려 있는지를 아는 것인지도 모른다. 그러나 물리학자들이 수십 년 동안 표준적인 관점의 자리를 지켜온 양자역학의 한 해석에서 처음으로 위안을 찾았을 당시에는 얽힘의 개념조차도 여전히 미래 속에 놓여 있었다.

해석 1

# 코펜하겐 해석

## 우리가 바라보지 않으면 세계는 존재하지 않는다

수십 년 동안 사물들을 바라보는 표준적인 방식이 된 양자물리학의 해석은 파동의 개념에—그리고 주로 '마치 ……인 것처럼'이라는 경고에 대한 망각에—기초한다. 1920년대에 이미 물리학자들은 양자 세계가 두 가지의 수학적인 방식으로 기술될 수 있음을 알고 있었다. 하나의 방식은 파동과 관련되며 슈뢰딩거 방정식으로 요약된다. 다른 하나의 방식은 행렬이라 불리는 배열의 형태로 순수한 수들만을 포함하며, 베르너 하이젠베르크와 폴 디랙의 작업으로부터 발전되었다. 이 두 가지 수학적 방식은 동일한 해답을 주었으므로 어떤 방식으로 작업을 할지는 일종의 선택의 문제였다. 대부분의 물리학자들은 이미 파동방정식에 친숙했기 때문에 파동방정식을 선택했다. 그러나 그 어떤 양자 계산에서도 우리가 계산하는 것은 그 계가 전자든, 두 개의 구멍 실험이든, (원리상) 우주 전체든—혹은 전자에서 우주까지 사이의 어떤 것이든—계의 두 상태 사이의 관계다. 만약 당신이 상태 A에 있는 계를 기술하는 일군의 매개변수들을 갖고 있다면, 당신은 특정한 시간 이후 그 계가 상태 B에 있을 확률을 계산할 수 있다. 그러나 두 상태 사이에 무슨 일이 일어나는지를 당신에게 말해주는 것은 없다.

가장 대표적인 예가 원자 속의 전자다. 몇몇 계산에서 우리는 전자들이 마치(경고!) 서로 다른 에너지 총량에 대응하는 궤도들 위에 있는 것처럼 생각할 수 있다. 원자가 빛의 형태로 에너지를 방출할 때 전자는 하나의 궤도에서 사라져서 원자핵과 좀 더 가까운 다른 궤도에 나타난다. 원자가 빛을 흡수할 때 전자는 하나의 궤도에서부터 사라져 원자핵에서 더 멀리 떨어져 있는 궤도에 나타난다. 그러나 전자가 하나의 궤도에서 다른 궤도로 **움직이는** 것은 아니다. 처음에는 여기 있다가 다음에는 저기 있는 것이다. 이는 양자 도약quantum jump(또는 양자 비약quantum leap*)이라고 불린다. 슈뢰딩거는 자신의 파동 역학을 통해서 도약 과정에서 무슨 일이 일어나는지를 설명하고자 했지만 실패하자 다음과 같이 말했다. “이런 빌어먹을 양자 도약이 정말 존재한다면 나는 처음부터 양자이론에 발을 담그지 않았을 것이다.” 그러나 안타깝게도 양자 도약은 실제로 일어난다. 행렬을 통한 접근법은 좀 더 정직한 편이다. 왜냐하면 이 접근법은 상태 A와 상태 B 사이에 무슨 일이 일어나는지를 말하고자 시도하지 않기 때문이다. 그러나 이 접근법은 슈뢰딩거 방정식보다 우리에게 덜 위안을 준다.

양자 세계를 바라보는 표준적인 방식으로 수십 년 동안 자리매김한 방법은 코펜하겐 해석Copenhagen Interpretation이라고 알려졌다. 왜냐하면 이 해석을 강력하게 주창했으며 아주 강한 영향력을 가지고 있었던 닐스 보어Niels Bohr가 코펜하겐에 자리잡고 있었기 때문이다. 코펜하겐 해석이라는 이름(실제로는 베르너 하이젠베

* 홍보 담당자들이 생각하는 것과는 상반되게, 양자 도약은 무작위적으로 일어나는 아주 작은 변화다.

노년기의 닐스 보어

르크가 제시한 일련의 개념들에 붙여진 이름)은 막스 보른을 매우 불편하게 했는데, 왜냐하면 보른은 보어 팀의 일원이 아니었고 코펜하겐에서 연구를 한 것도 아니었지만 확률에 대한 그의 생각이 이 해석의 핵심적인 부분이었기 때문이다. 보어는 1920년대 말에 양자물리학에 대한 모든 논의를 강력하게 주도함으로써 양자물리학의 해석 명칭에 자신의 고향 이름이 붙게 했을 뿐만 아니라, 양자역학에 대해 완전히 합당한 다른 대안적 해석을 너무나 심하게 반대해서 그 해석이 20년 동안 무시되게끔 만들었다. 그 대안적 해석은 해석2에서 다루겠다.

본질적으로 실용주의자였던 보어는 서로 다른 개념들의 조각조각을 이어붙여서 실제로 작동하는 체계를 만들어내기를 즐겨 하는 사람이었다. 그 체계가 대체 무엇을 의미하는지에 대해서는 크게 걱정하지 않았다. 그 결과로 코펜하겐 해석이 무엇인지에 대한 직접적이고 명확한 진술은 존재하지 않는다. 1927년 이탈리아의 코모에서 행한 강연에서 그와 같은 시도를 하기는 했다. 이때는 코펜하겐 해석이라는 이름을 갖기 훨씬 전이었다. 이 강연이 있었던 회의는 물리학에서는 기념비적인 순간이었다. 왜냐하면 이때 물리학자들이 '입 닥치고 계산'하는 데 필요한 도구들이 제시되어, 원자·분자와 관련된 실질적 문제들(예를 들어 화학, 레이저, 분자생물학의 문제들)의 해결책을 찾는 데 양자역학을 그 근본적 의미를 생각하지 않고서도 적용할 수 있었기 때문이다.

보어의 실용적인 접근법은 그의 해석으로 확장되었다. 그는 우리가 실험 결과들 외에는 그 어떤 것도 알 수 없다고 했다. 이 결과들은 실험이 무엇을 측정하고자 고안되었는지에 의존한다. 즉 우리가 (자연의) 양자적 세계에 묻고자 선택한 질문들에 의존한다. 이 질문들은 세계에 대한 우리의 일상적인 경험들에 의해 채색되는데, 이 경험의 규모는 원자 및 다른 양자적 개체들에 비해서 훨씬 더 큰 것이다. 그렇게 우리는 전자들이 입자들이라고 추정하고서, 즉 전자를 하나의 작은 당구공이라고 생각하면서 전자의 운동량을 측정함으로써 이러한 추정을 명료한 방식으로 시험하기 위한 실험을 고안할 수 있다. 우리가 그러한 실험을 고안하면—보시라!—실험은 전자의 운동량을 측정하고 전자가 입자라는 우리의 개념을 입증하게 된다. 그러나 우리의 친구는 다른 생각을 갖고 있다. 그녀는 전자가 파동이라고 생각하며 전자의 파장을 측정하는 실험을 고안한다. 보시라! 그녀의 실험은 파장의 값을 측정하며 전자가 파동이라는 그녀의 개념을 입증한다. 그게 대체 뭐가 문제란 말인가 하고 보어는 말한다. 그저 당신이 입자를 찾을 때 전자가 **마치** 입자**인 것처럼** 행동하고, 당신이 파동을 찾을 때 전자가 **마치** 파동**인 것처럼** 행동하기 때문에 전자가 입자 또는 파동이거나 입자이자 파동이라는 의미가 아니다. 당신은 그저 당신이 보는 것을 알 수 있을 뿐이고, 당신이 보는 것은 당신이 무엇을 볼지에 대해 내린 선택에 의존한다. 코펜하겐 해석에 따르면, 전자와 원자 같은 양자적 개체들이 무엇인지를 묻는 것은 의미가 없다. 또는 이 개체들이 그 누구도 이들을 측정하지 않을 때—혹은 누구도 이들을 바라보지 않을 때—무엇을 하고 있는지를 묻는 것은 의미가 없다.

이상과 같은 아주 실용주의적인 관점은 아직까지는 그다지 놀랍지 않다. 그러나 보어는 곧바로 우리를 당혹스러운 상황으로 몰고 간다. 이것이 바로 확률이 개입하는 지점이다. 슈뢰딩거가 그의 파동방정식을 유도했을 때 그는 이 방정식이 전자(또는 다른 양자적 개체도 된다. 전자는 설명을 위한 가장 단순한 예다)에 대한 문자 그대로의 기술이라고 생각했다. 슈뢰딩거에게 전자는 파동**이었다**. 그러나 보어는 슈뢰딩거의 공을 빼앗고 달아난 뒤 이것을 확률의 역할에 대한 보른의 개념과 결합시켰다. 그 결과 양자 계산과 관련해서는 작동했지만(지금도 작동하고 있다) 당신이 이에 대해서 잠시 멈춰 생각할 경우 당신의 머리를 지끈거리게 하는 이상하고 고민스러운 혼합물을 만들어냈다. 이러한 새로운 그림에 따르면 슈뢰딩거가 제시한 방정식은 '확률 파동'이라고 생각해야 하고, 임의의 위치에서 전자가 발견될 확률은 '확률 함수의 제곱'에 의해서 결정된다. 그 자체로 파동을 기술하는 방정식을 임의의 점에서 곱함으로써 결정되는 것이다. 우리가 양자적 개체를 측정하거나 관측할 때 파동함수는 하나의 점으로 '붕괴'하는데, 이 붕괴는 확률에 의해서 결정된다. 그러나 비록 몇몇 위치가 다른 위치보다 높은 확률을 갖는다고 하더라도, 원리상 전자는 파동함수가 퍼져 있는 그 어떤 곳에도 나타날 수 있다. 아주 단순한 예시는 이러한 행동의 이상함을 잘 보여줄 것이다.

상자 안에 갇힌 하나의 전자를 생각해보자. 확률 파동은 상자 안을 고르게 채우도록 퍼져 있고, 이는 상자

에르빈 슈뢰딩거

안의 임의의 위치에서 전자를 찾을 확률이 동일함을 의미한다. 이제 상자 중간에 칸막이를 세워보자. 우리의 상식에 따르면 전자는 상자의 두 부분 중 한 부분에 갇혀 있어야 할 것으로 보인다. 그러나 코펜하겐 해석은 여전히 확률 파동이 각각의 절반 모두를 채우고 있으므로 분할된 부분 중 하나에서 발견될 확률이 동일하다고 말한다. 이제 상자를 아예 두 부분으로 분리시켜보자. 반쪽 상자는 당신의 실험실에 그대로 두고, 나머지 반쪽 상자는 화성으로 가는 로켓에 실어 보내자. 보어에 따르면 전자가 연구실에 있는 상자나 화성에 있는 상자에서 발견될 확률은 50 대 50이다. 이제 당신의 실험실에서 상자를 열어보자. 당신은 전자를 발견하거나 발견하지 못할 것이다. 그러나 둘 중 어떤 경우에도 파동함수는 붕괴한다. 만약 열어본 상자에 전자가 없다면 전자는 화성에 있다. 만약 상자에 전자가 있다면 화성에 있는 상자는 비어 있다. 이는 전자가 이 반쪽 상자 또는 저 반쪽 상자에 '항상 있었다'라고 말하는 것이 **아니다**. 코펜하겐 해석은 실험실에서 상자 안의 내용물을 검토하는 경우에만 파동함수의 붕괴가 일어난다고 주장한다. 이것이 EPR '역설'과 슈뢰딩거의 유명한 죽어 있으면서 살아 있는 고양이에 관한 퍼즐의 근저에 있는 핵심 개념이다. 하지만 그 이야기로 넘어가기 전에 나는 코펜하겐 해석이 어떻게 두 개의 구멍 실험을 '설명하는지' 들여다보고자 한다.

내가 학생 시절 배웠고 오늘날에도 여전히 많은 학생들이 배우고 있는, 양자역학을 '이해하기 위한 대표적' 방법으로 여겨지는 코펜하겐 해석에 따르면, 실험의 한쪽에서 전자는 하나의 입자로서 전자총이라는 원천으로부터 방출된다. 그 직후 전자는 실험 전체에 퍼져 있는 '확률 파동'으로 변해서 실험의 다른 한쪽에 있는 탐지 스크린을 향해 나아간다. 이 파동은 얼마나 많은 구멍들이 열려 있든 관계없이 구멍들을 통과해 나가면서 적절한 방식으로 그 자신과 간섭하거나 간섭하지 않기 때문에, 탐지 스크린에는 확률의 패턴으로서 도달한다. 어떤 곳은 다른 곳보다 확률이 높고 다른 곳은 더 낮게 스크린 전체에 퍼진다. 탐지 스크린에 도달하는 순간 파동은 '붕괴하여' 입자로 다시 돌아오며, 탐지 스크린 위에서 입자의 위치는 무작위적이기는 하지만 확률의 규칙을 따른다. 이것은 '파동함수의 붕괴'라고 불린다. 전자는 파동과 같이 움직이지만 입자와 같이 도

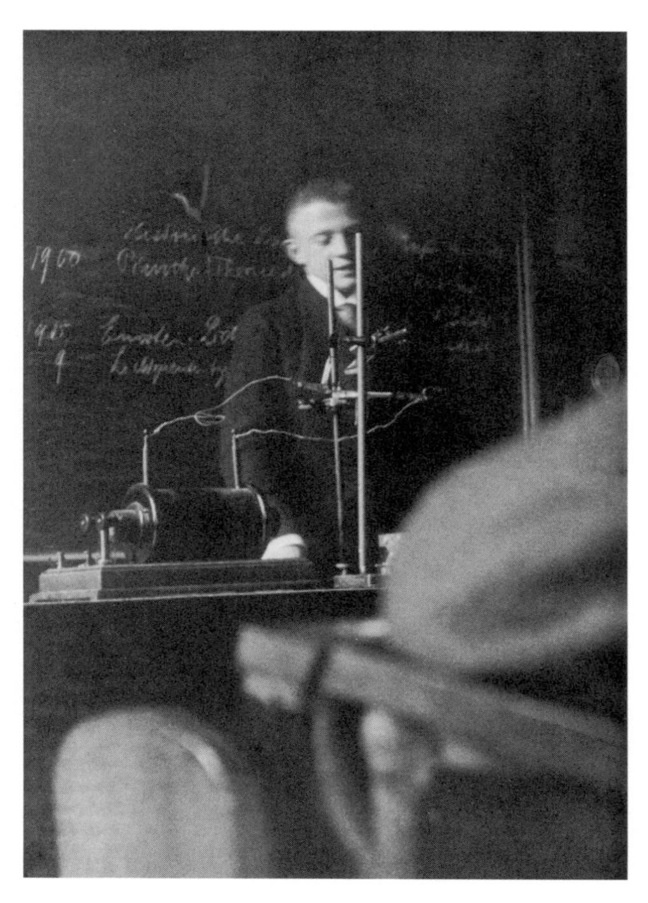

강의 중인 베르너 하이젠베르크

착한다.

그러나 파동이 단지 확률만을 운반하는 것은 아니다. 만약 양자적 개체가 자신이 될 수 있는 상태들 중 하나를 선택한다고, 예를 들어 전자의 스핀이 위 방향 또는 아래 방향이 될 수 있다고 하자. 두 상태 모두는 특정한 형태로 파동함수에 포함되어 있고, 이러한 상황을 '상태들의 중첩'이라고 부른다. 그리고 개체가 탐지의 순간 또는 또 다른 개체와 상호작용하는 순간에 갖게 되는 상태는 파동함수가 붕괴되는 순간에 또한 결정된다. 베르너 하이젠베르크는 1955년 세인트앤드루스대학교에서 행한 강의에서 "관측 행위 과정에서 '가능한' 것으로부터 '실제적인' 것으로의 전이가 일어난다"라고 말했다.

이는 양자적 행동을 계산하는 방법으로서 작동한다. 전자 같은 것들은 진정으로 이와 같이 행동하는 것처럼 보인다. 그러나 이는 또한 많은 퍼즐들을 제시한다. **가장** 당혹스러운 퍼즐 중 하나가 이른바 '지연된 선택' 실험인데, 이는 물리학자 존 휠러John Wheeler가 고안한 것이다. 그는 두 개의 구멍 실험에서 광자들이 한 번에 하나씩 발사되었을 때도 여전히 탐지 스크린에 간섭무늬를 만든다는 사실에서부터 시작했다. 하지만 코펜하겐 해석에 따르면, 만약 두 개의 구멍과 탐지 스크린 사이에 어떤 장치가 놓여 있어서 광자가 어느 구멍을 통과했는지 확인할 경우 간섭무늬는 사라질 것이다. 그것은 각각의 광자가 실제로 구멍들 중 하나만을 통과했음을 보여줄 것이다. 여기서 '지연된 선택'이 등장한다. 왜냐하면 광자들이 두 개의 구멍이 뚫려 있는 스크린을 통과한 **이후**에 광자들을 관찰할지 말지의 여부를 우리가 결정할 수 있기 때문이다. 물론 인간의 반응이 이와 같은 일을 할 수 있을 정도로 빠르지는 않다. 그러나 정확히 이러한 일을 하는 자동 모니터 장치를 이용해 실험들이 수행되었다. 광자들이 구멍들을 지나간 이후 모니터 장치를 끄거나 켠 것이다. 이 실험들은 광자들을 관찰했을 때 간섭무늬가 실제로 사라짐을 보여주었고, 이는 각각의 광자(또는 확률 파동)가 오직 하나의 구멍만을 통과함을 의미했다. 광자를 관찰하려는 결정이 광자가 구멍들을 통과한 이후에야 내려졌음에도 말이다.

휠러는 당신이 말 그대로 우주적인 규모에서 이와 비슷한 실험을 상상할 수 있음을 지적했다. 중력 렌즈라고 알려져 있는 현상에서, 퀘이사와 같이 멀리 떨어져 있는 대상으로부터 오는 빛은 경로 중간에 있는 은하와 같은 대상의 중력으로 인해서 이끌리며, 따라서 이 빛은 중력 렌즈 근처에서 두 개의(또는 그 이상의) 경로를 따른다. 이에 따라 지구에 있는 탐지기에는 대상에 대한 두 개의 상이 잡힌다. 원리상으로는 그와 같은 두 개의 상을 만드는 대신에 중력 렌즈 근처를 서로 다른 경로로 통과하는 빛을 합쳐서 간섭무늬를 만들 수 있다. 이 간섭무늬는 렌즈 근처의 두 경로에서 오는 파동들에 의한 것이다. 이는 두 개의 구멍 실험의 우주적 판본이다. 그러나 이 경우에 우리는 광자들이 렌즈 근처의 어떤 경로로 왔는지를 확인하기 위해 이들이 간섭무늬를 만들기 전에 광자들을 모니터할 수 있다. 이 경우 실험실 규모의 실험 결과에 따르자면 간섭무늬는 사라질 것이다. 퀘이사가 우리로부터 100억 광년 떨어져 있고, 중력 렌즈의 역할을 하는 은하가 50억 광년 떨어져 있다고 하자. 그러나 우리가 실험으로부터 알고 있는 모든 것에 따르면, 수십억 년 전에 수십억 광년 떨어져 있던 광자들이 무엇을 하고 있었는지는 지금 여기에 있는 우리가 무엇을 측정할지 선택하는 것에 의해 영향을 받는다. 대체 무슨 일이 일어나고 있는 것인가? 휠러 자신은 다음과 같이 말한 바 있다. "코펜하겐 해석은 우리에게 그와 같은 것들에 대해서는 질문하지 말라고 명령한다."* 그렇다면 코펜하겐 해석은 그다지 근사하지는 않은 것처럼 보인다.

본질적인 면에서 코펜하겐 해석은 양자적 개체가 측정되기 전까지는 어떤 속성을—어떠한 속성도—갖지 않는다고 말한다. 이는 무엇이 측정을 이루는지에 대한 온갖 종류의 질문들을 제기한다. 측정에 인간의 지성이 개입되어야 하는가? 아무도 쳐다보지 않는 경우에도 달은 저곳에 존재하는가? 인간이 우주를 인지할 수 있을 정도로 지성적인 까닭에 우주는 오직 존재하는가? 혹은 양자적 개체가 탐지기와 상호작용하는 것을 측정이라고 볼 수 있는가? 당신은 오래된 뉴턴 물리학의 '고전적' 세계와 양자적 세계라는 극단 사이에 있는 두 세계의 경계를 찾을 수 있는가? 이와 같은 종류의 우려 때문에 슈뢰딩거는 방 안에 갇힌 고양이에 대한 유명한 퍼즐을 제시하게 되었다(그는 '상자'가 아니라 '방'이라는 독일어 단어를 사용했다). 이 방에는 고양이를 죽이기 위

* 필립 볼Philip Ball에 의한 인용.

한 끔찍한 장치가 설치되어 있는데, 이 장치는 상태들이 50 대 50으로 중첩되어 있다. 그의 예시를 최신화시키기 위해서 전자의 스핀을 측정하는 탐지기가 방 안에 설치되어 있다고 상상하자. 만약 스핀이 위 방향이면 장치는 격발되고 고양이는 죽는다. 만약 스핀이 아래 방향이면 고양이는 안전하다. 전자는 측정되기 전까지는 중첩 상태에 있다. 그런데 탐지기가 격발될 때 무슨 일이 일어나는지를 보는 사람이 방에 아무도 없다고 하자. 이 경우 파동함수는 붕괴하는가, 붕괴하지 않는가? 누군가가 방문을 열고 들여다보기 전까지 고양이 또한 죽어 있으면서 살아 있는 중첩 상태에 있는가?

이에 대한 나 자신의 생각을 발전시킨 이야기에는 고양이의 두 마리 새끼가 나오는데(고양이가 살아남았다고 가정한다) 나는 이 새끼들을 '슈뢰딩거의 새끼 고양이'라고 부른다.* 슈뢰딩거의 고양이가 낳은 쌍둥이 암컷 새끼 고양이 둘은 동일한 두 개의 우주 캡슐 속에서 사는데, 이 캡슐에는 생존에 필요한 모든 것들이 구비되

* 입자 물리학자들은 이 이름을 가지고 다른 맥락에서 사용했다. 이는 그들의 특권이다.

어 있고 고양이들이 가지고 놀 수 있는 장난감들도 있다. 두 캡슐은 관으로 연결되어 있고 관의 중간에는 전자 하나가 들어 있는 상자가 있다. 전자 파동은 상자 안을 고르게 채우고 있다. 상자 안을 둘로 나누는 칸막이가 내려오며 두 캡슐은 서로 분리되며, 이제 캡슐 각각은 절반의 전자 파동을 포함하는 절반의 상자와 연결되어 있다. 두 캡슐은 서로 반대 방향으로 동일한 속력으로 먼 여행을 떠나, 두 캡슐 사이의 거리는 이제 2광년 정도가 되었다. 각 캡슐에는 전자의 존재 여부를 모니터할 탐지기가 있다. 일정한 시간이 지나면 각각의 캡슐과 연결되어 있는 절반의 상자가 자동 장치에 의해서 열린다고 하자(두 상자가 동시에 열릴 필요는 없다). 만약 캡슐 속에 전자가 있다면 이제 다 자란 고양이는 죽는다. 만약 캡슐 속에 전자가 없다면 고양이는 산다. 그러나 무슨 일이 일어나는지를 알 수 있는 지성적인 관찰자는 존재하지 않는다. 그렇다면 고양이들 각각은 지금 중첩된 상태에 있는 것인가? 옆을 지나가던 우주선에 타고 있던 지적인 외계인이 캡슐 하나를 붙잡아서 그 안을 들여다보면 죽은 고양이 또는 살아 있는 고양이를 보게 될 것이다. 외계인이 보는 바로 그 시점에 **각각의**

캡슐 속에 있던 파동함수가 붕괴되어, 외계인이 보는 것이 2광년이나 떨어져 있는 다른 고양이의 운명을 결정하는가? 그다지 근사하지 않은 코펜하겐 해석에 따르면 대답은 바로 '그렇다'이다.

그렇다면 이에 대한 대안적인 해석은 없는가? 실제로 대안 해석은 다수 있지만, 아마 당신은 이들 역시도 코펜하겐 해석만큼이나 황당하다고 여길 수 있다. 대안들 중에서도 으뜸가는 해석은 코펜하겐 해석과 같은 시기에 나타난 해석으로서, 당시 보어의 공격에 의해서 태어나자마자 거의 사장될 뻔했지만 끝까지 살아남아 재기를 노렸던 해석이다.

해석 2

# 파일럿 파동 해석

## 세계는 우리가 바라보기 전까지 숨어 있다

루이 드 브로이Louis de Broglie는 전자와 같은 개체가 우리가 어떻게 보는지에 따라 파동 또는 입자가 될 수 있다거나, 파동이자 입자라고 말하지 않고서, 파동-입자 이중성이라는 퍼즐을 해결하고자 했다. 드 브로이는 파동과 입자라는 두 개의 분리된 개체가 존재할 수 있고, 이 두 개체는 함께 작동하여 우리가 실험에서 보는 효과들을 생성한다고 보았다.

드 브로이는 양자역학 속 파동 개념의 개척자였다. 그는 다음과 같이 제안한 바 있었다. 아인슈타인이 강조했듯이, 만약 이전에 파동으로 알려져 있던 무엇인가가

루이 드 브로이

(빛) 또한 입자로(광자) 간주될 수 있다면, 이전에 입자로 간주되었던 것(전자) 역시 파동으로 다루어질 수 있어야 할 것이다. 이러한 드 브로이의 제안은 얼마 지나지 않아 실험에 의해 입증되었으며, 이에 힘입어 슈뢰딩거는 파동방정식을 유도하게 되었다. 따라서 드 브로이가 이와 같은 파동-입자 이중성이 갖는 의미에 대해 깊이 생각하는 것은 자연스러운 일이었다. 그는 보어가 코펜하겐 해석이라 알려진 해석의 기초를 놓은 코모에서 열린 같은 회의에서 파동-입자 이중성에 대한 자신의 해결책을 제시했다.

여러 측면에서 드 브로이의 '파일럿 파동pilot wave' 해석은 파동-입자 이중성을 설명하는 가장 자연스럽고 명백한 방식이다. 그는 파동과 입자 모두가 실재하며, 파동이(이후 '파일럿 파동'으로 알려진다) 입자를 그 목적지까지 안내한다고 제안했다. 이는 바다에서 서퍼가 파도를 타는 것과도 같다. 두 개의 구멍 실험에서 파일럿 파동은 두 개의 구멍을 통과하여 퍼진 후 그 자신과 간섭하여 간섭 파동의 무늬를 만든다. 실험에서 발사되는 입자들은 처음에 출발할 때 속력과 방향이 약간씩 다르기 때문에, 이들은 결국 약간씩 다른 방향으로 서핑을

타며, 탐지 스크린에 간섭무늬를 만드는 파동들을 따라 간다. 우리는 입자들의 속성은 측정하지만 결코 파동의 속성은 측정할 수 없다. 입자들의 행동으로부터 파동의 존재를 추론할 뿐이며, 입자들은 탐지되기 전까지는 우리에게 숨겨져 있다. 이러한 종류의 접근법은 '숨은 변수 이론'으로서 알려지게 되었다.

잘 섞인 카드 한 벌이 유용한 비유를 제공한다. 그와 같은 카드 한 벌이 양자물리학의 규칙을 따라야 한다고 요구할 수 있을 정도로 충분히 작다고 상상하자. 당신은 초현미경과 같은 장치를 가지고 카드를 한 번에 한 장씩 들춰볼 수 있다. 숨은 변수 이론에 따르면, 당신이 가장 위에 있는 카드를 뒤집을 때 당신이 보는 값은 그 카드 한 벌에 허용되는 52개의 가능성 중에서 무작위로 선택된다. 붉은색의 카드를 볼 확률은 50 대 50이고, 클로버 5 카드를 볼 확률은 1 대 52 등등이다. 카드의 값은 당신이 보기 전까지는 숨겨져 있다. 그러나 그 카드는 당신이 보지 않을 때도 항상 그 값을 갖고 있었다(그러한 의미에서 그것은 실제로는 변수가 아니다!). 첫 번째 카드를 본 다음에는—그 카드가 정말 클로버 5였다고 하자—클로버 5를 발견할 확률은 이제 0이며, 붉은색 카드를 찾을 확률은 26 대 51 등등이 된다. 이를 당신이 보기 전까지는 카드가 어떤 값을 갖지 않는다고 말하는 코펜하겐 해석과 대조해보라. 코펜하겐 해석에서 가능한 선택지들 중에서 선택하게끔 강요하는 것은 본다는 행위다. 그러나 두 해석 모두에서 만약 당신이 계속 카드를 넘겨본다면 당신은 확률에 의해서 결정되는 동일한 종류의 무작위적 패턴을 볼 것이다. 예를 들어 당신은 클로버 5 카드를 두 번 볼 수 없다. 실험은 두 해석 중 한쪽 해석을 편들지 않는다. 그러나 무엇이 그와 같은 패턴을 만드는지에 대한 설명에서 두 해석 사이에는 큰 차이가 있다.

데이비드 린들리David Lindley는 그린에서 퍼팅을 연습하는 골프 선수의 비유를 제시한다. 골프 선수는 매번 동일한 구멍을 목표로 삼아 골프공을 치지만, 각각의 공은 골프 선수의 퍼팅 기술에서 발생하는 불가피한 사소한 변수들로 인해 약간씩 다른 속도와 방향으로 움직인다. 그리고 그린의 표면이 완벽하게 매끄럽지는 않다. 따라서 각각의 공은 약간씩 다른 방향을 따라 약간씩 다른 거리를 간다. 만약 골프 선수가 100개의 연습공을 쳤다면 이 공들은 그린 표면 위에 특정한 패턴을 그리며 퍼질 것인데, 이 패턴은 골프공들이 지나간 표면의 불규칙성에 의해서 결정된다. 하지만 만약 당신이 표면의 정확한 형태를 알고 공이 움직이기 시작할 때의 속력과 방향을 정확하게 안다면, 원리상 각각의 공이 도달하는 최종적인 위치는 결정될 수 있다. 이러한 의미에서 파일럿 파동 해석은 결정론적이며, 파동함수의 붕괴와 결부되는 우연의 요소를 제거할 뿐만 아니라 파동함수의 붕괴 그 자체를 없앤다. 모든 입자는 항상 명확한 속성을 갖고 있다. 잘 섞인 카드 한 벌 속의 카드들처럼, 우리가 보기 전까지 그 속성이 무엇인지 모를 뿐이다.

드 브로이는 코모 회의에서 내가 지금까지 제시한 다소 애매한 종류의 논의가 아니라 파일럿 파동 논증을 자세하게 제시했다. 1987년 벨은 자신의 책《양자역학에서 말할 수 있는 것과 말할 수 없는 것 *Speakable and Unspeakable in Quantum Mechanics*》에서 지난날을 되돌아보며 이렇게 말했다. "이러한 개념은 파동-입자 딜레마를 아주 명료하고 상식적인 방식으로 해결하는 너무나 자연스럽고 간단한 방법처럼 보였으므로, 그것이 그토록 많은 사람들에게 무시되었다는 사실이 나에게는 큰 미스터리였다."

실제로 이것은 그리 큰 미스터리는 아니다. 첫째, 앞에서 언급했듯이 보어는 볼프강 파울리Wolfgang Pauli의 도움을 받아 드 브로이의 개념에 조롱을 퍼부었고, 보어와 파울리는 자신들의 논증의 타당성보다는 강한 성격과 명성을 이용해서 비교적 소심했던 드 브로이를 강력하게 공격했다. 그러나 명성이 이유의 전부는 아니었다. 드 브로이의 개념 및 다른 숨은 변수 이론들이 무시당하게 된 두 번째 이유는 그와 같은 이론들이 불가능하다는 폰 노이만의 잘못된 '증명'이었다. 드 브로이는 자신의 개념을 알리려는 모든 시도를 포기했고, 이 개념은 물리학자들 사이에서 완전히 잊혀졌다. 따라서 1950년대 초에 미국의 물리학자 데이비드 봄David Bohm이 이와 비슷한 개념에 도달했을 때, 봄은 드 브로이의 연구에 대해서 아무것도 알지 못하는 상황이었다. 이는 처음에 봄과 드 브로이 사이에 약간의 긴장을 낳았다. 드 브로이는 자신이 제대로 인정받지 못하는 것에 짜증이 났다. 그러나 둘 사이의 이러한 긴장은 점차 누그러졌고, 이제 파일럿 파동의 개념은 많은 경우에 '드 브로이-봄 해석'이라고 불린다.

현재의 맥락에서는 봄이 그의 파일럿 파동 해석에

도달하게 된 과정이 특히 흥미롭다. 젊은 연구자였던 봄은 양자물리학에 관한 교과서를 집필하여 1951년에 출판했는데, 그 책에서 그는 코펜하겐 해석을 아주 잘 설명했다. 그래서 자신보다 지적으로 열등하다고 간주되는 사람(이는 모든 사람을 의미했다)을 심하게 비판하기로 악명이 높았던 파울리조차도 봄의 책을 인정할 정도였다. 아인슈타인 또한 봄이 코펜하겐 해석을 더할 나위 없이 잘 설명했다고 보았다. 그러나 아인슈타인은 봄과 만나서 코펜하겐 해석은 틀렸다는 자신의 견해를 봄에게 강조했다. 이에 따라 봄은 양자 세계에서 무슨 일이 일어나는지 설명하는 다른 방법이 있는지를 찾아보고자 결심했고, 곧 그와 같은 다른 방법을 찾아냈다. 그의 파일럿 파동 모형은 수학적으로 코펜하겐 해석과 동등했고, 양자 문제들에 대해 코펜하겐 해석과 동일한 답을 제공했다. 그것은 본질적으로 드 브로이의 모형과 동일한 것이었으나 양자 세계와 고전적 세계 사이의 상호작용을 기술하는 측면에서 조금 더 나아갔다. 그러나 이 모형은 폰 노이만이 불가능하다고 말했던 숨은 변수들에 기초했다. 특히 그 이유 때문에(또한 적어도 미국에서는 봄이 매카시의 '마녀사냥' 시기에 공산주의의 동조자라

데이비드 봄

고 비난을 받았기 때문에) 다수의 물리학자들은 봄의 이론을 심각하게 받아들이지 않았다. 물리학자들은 폰 노이만이 불가능하다고 말했다면 봄의 모형에 착오가 있음이 틀림없을 것이라고 생각했다. 하지만 이러한 생각에 동조하지 않았던 한 명의 물리학자가 있었다.

1952년에 존 벨은 영국 우스터셔의 맬번에 있는 원자력연구소에서 일을 하고 있었는데, 한 해 동안 쉬며 연구를 할 수 있는 젊은 과학자들 중 한 명으로 뽑혔다. 그의 경우에는 버밍엄대학교에 가서 일을 하고 공부도 했는데, 그곳에서 벨은 양자이론을 연구하고 봄의 파일럿 파동 개념을 알게 되었다. 그는 곧바로 대부분의 물리학자들과는 반대의 견해를 갖게 되었다. 만약 봄의 개념이 잘 작동하는데 폰 노이만이 이것은 불가능하다고 했다면, 이는 착오를 범한 것이 바로 **폰 노이만**이었음을 의미했다. 그러나 불행히도 그때 폰 노이만의 책은 오직 독일어로만 출판되어 있어 벨은 이 책을 읽지 못했고, 벨은 1960년에 CERN으로 이직하기 전까지 입자 가속기를 디자인하는 일상적인 업무로 돌아가야 했다. 1963년에 폰 노이만의 책이 영어로 출판되었고, 그 책에서 오류를 발견한 벨은 미국에서 보낸 안식년에 자신의 발견에 대한 논문을 썼다. 벨은 또한 폰 노이만이 틀렸다는 증명에서 한층 더 나아가 자신만의 숨은 변수 이론을 만들었다. 그러나 앞서 언급했듯이, 벨은 파일럿 파동 개념을 포함한 모든 숨은 변수 이론들이 비국소적임을 입증했다. 그가 미국에 있을 때 썼던 논문들 중 하나에서 벨은 다음과 같이 말했다. EPR 퍼즐과 같은 상황에서(혹은 내가 예로 들었던 우주 공간 속 새끼 고양이들의 상황에서. 드 브로이-봄 이론에 따르면 전자는 항상 반쪽 상자들 중 하나에 들어 있고 중첩은 존재하지 않는다) "본질적인 어려움을 만드는 것은 국소성의 조건이다. 더 정확히 말하자면, 한 계에서의 측정 결과는 그 계와 과거에 상호작용했던 멀리 떨어진 계에서의 조작에 의해 영향을 받지 않는다." 파일럿 파동 해석에서는 한 입자의 속도나 이 입자가 움직이는 방향을 변화시키는 방식 같은 어느 순간의 속성도 **그와 동일한 순간에** 예전에 그 입자와 상호작용했던 모든 입자들의 속성에 의존한다는 것이 명시적으로 요구된다.

비록 나 이외에 이렇게 연관짓는 사람을 지금껏 보지 못했지만, 나는 여기서 '마흐의 원리'라고 알려진 퍼즐을 떠올린다. 아인슈타인에게 영향을 미쳤던 물리학자 에른스트 마흐Ernst Mach가 이 퍼즐에 주목했는데, 이는 최소한 뉴턴의 시대 이래로 과학자들을 실제로 괴롭혀왔던 문제였다. 이 퍼즐은 관성과 관련이 있다. 만약 당신이 무엇인가를 밀면 물체는 움직이는 것에 저항한다. 나는 마찰에 대해서 이야기하는 것이 아니라 물체가 우주에서 자유롭게 떠도는 이상적인 상황에 대해 이야기하는 것이다. 물체는 밀기 전까지 계속 정지해 있거나 직선을 따라 계속 움직일 것이다(로버트 훅이 이를 지적한 최초의 인물이었다). 물체를 밀면 물체는 속력이나 방향 또는 둘 다를 변화시킬 것이다. 그러나 물체가 방향이나 속력을 바꾸는지를 어떻게 알 수 있는가? 변화는 무엇과 관련하여 측정되는가? 조금만 관찰해보면, 관성이란 우주 전체와 관련한 운동 변화에 대한 저항을 나타낸다는 것을 알 수 있다.

당신이 이 퍼즐을 제대로 살펴보기 위해서 스스로가 우주 공간 속에 있다고 상상할 필요는 없다. 아이작 뉴턴 자신이 위대한 책 《프린키피아*Principia*》에서 당신이 집에서 혼자 할 수 있는 실제 실험을 기술한 바 있다. 그는 물이 든 양동이의 손잡이를 긴 노끈에 묶어 매단 후, 노끈을 여러 번 꼬은 다음 놔주었다. 양동이는 회전하기 시작하지만 처음에는 양동이 속 물의 높이가 똑같다. 이때는 양동이가 물과 관련하여 움직이는 것이 물에 영향을 미치지 않는다. 조금 시간이 지나 물 또한 회전하기 시작하면서 물의 중심이 패고 물 표면이 굽는다. 뉴턴이 회전하는 양동이의 한쪽 면을 잡으면 양동이는 회전을 멈추지만 물은 계속 회전하고 물 표면은 굽은 상태를 유지한다. 이후 회전이 느려지면서 물 표면도 점점 편평해진다. 물 표면의 형태는 물이 어떤 신비한 고정 좌표계와 관련하여 어떻게 움직이는지에 의존하고, 물이 양동이와 관련하여 어떻게 움직이는지와는 무관하다. 오늘날 이러한 좌표계는 우주에 있는 모든 것들의 평균 분포와 동일시된다. 실제로 당신이 국소적인 사물들에 대한 우주 전체의 영향을 보기 위해서는 양동이조차 필요하지 않다. 그저 당신이 차나 커피 한 잔을 저을 때 액체의 표면을 쳐다보기만 하면 된다!

따라서 우주에 있는 모든 것의 평균 분포는 그와 같은 변화를 측정할 때 좌표계를 제공한다. 어떤 의미에서 '국소적' 대상은 '밖에 있는' 모든 것에 의해서 영향을 받는다. 마흐의 원리는 우리에게 하나의 입자의 관성은 그 입자가 우주에 있는 모든 다른 물체들과 특정한 상호작용을 하기 때문이라고 말해준다. 그것이 과연 무슨 상호작용인지는 오랫동안 미스터리였다. 파일럿 파동 해석과 비국소성이 어쩌면 그 퍼즐의 해결책일지도 모른다.

이러한 생각은 우리를 흥미로운 결론으로 이끄는데, 이것은 또한 다른 해석(해석3)의 특징이기도 하다. 드브로이-봄 파일럿 파동 해석은 우주 전체에 적용된다. 지금 여기에 있는 단일한 입자의 행동은 이 순간에 우주에 있는 다른 모든 입자들의 위치에 의존한다. 그러나 이것의 함축은 세 번째 해석인 '다세계 해석'의 맥락에서 가장 잘 탐색된다. 하지만 세 번째 해석에 대한 논의로 나아가기 전에, 봄의 이론을 환영할 것이라고 예상되는 한 인물이 봄의 이론에 대해서 한 놀라운 논평을 언급할 필요가 있다. 아인슈타인은 코펜하겐 해석에 대한 대안을 찾기 위해 봄의 시도를 면밀하게 검토했다. 그는 1952년 5월 12일 막스 보른에게 쓴 편지에서 다음과 같이 말했다.

> 당신은 봄이 양자이론을 결정론적인 형식으로 해석할 수 있다고 믿는다는 것을(드 브로이가 25년 전

에 그랬듯이) 알아챘나요? 그러한 방법은 내게는 너무나 값싼 방법인 것처럼 보입니다.

아인슈타인이 이러한 언급을 통해 무엇을 의미하고자 했는지는 그 누구도 완전히 확신할 수 없다. 그러나 이는 양자역학의 모든 해석을 둘러싼 혼동을 잘 보여준다.

해석 3

# 다세계 해석

## 일어날 수 있는 모든 일은 평행세계에서 실제로 일어난다

만약 당신이 양자역학에 대한 다세계 해석Many Worlds Interpretation에 대해서 들어본 적이 있다면, 아마도 당신은 1950년대 중반에 미국인 물리학자 휴 에버렛Hugh Everett이 이 해석을 제시했다고 생각할 것이다. 어떤 면에서 이것은 맞다. 에버렛은 혼자 이 해석을 생각해냈다. 그러나 에버렛은 5년 전쯤에 에르빈 슈뢰딩거 역시 본질적으로는 동일한 생각을 떠올렸음을 알지 못했다. 에버렛의 해석은 좀 더 수학적이었고 슈뢰딩거의 해석은 좀 더 철학적이었지만, 본질적으로 두 사람 모두 '파동함수의 붕괴' 개념을 제거하기를 바랐고 두 사람 모두 이에 성공했다.

슈뢰딩거가 기회가 있을 때마다 지적한 바 있듯, 방정식들에는(그의 유명한 파동방정식을 포함해서) 붕괴에 관한 내용이 아무것도 없다. 붕괴는 바로 보어가 왜 우리는 실험 결과로서 오직 하나의 결과만을—죽어 있는 고양이 또는 살아 있는 고양이만을—보고 혼합물 즉 상태들의 중첩은 보지 못하는지를 '설명'하기 위해서 이론에 덧붙여놓은 어떤 것이었다. 그러나 우리가 오직 하나의 결과—파동함수에 대한 하나의 해—만을 **탐지**한다고 해서 코펜하겐 해석에 대한 대안적 해석이 존재하지 않는다는 것은 아니다. 1952년에 출판한 논문에서 슈뢰딩거는 우리가 쳐다본다는 이유만으로 양자 중첩이 붕괴될 것이라 기대하는 것의 어리석음을 지적했다. 그는 다음과 같이 말했다. 파동함수가 "두 개의 전적으로 서로 다른 방법에 의해 통제되어야 한다는 것, 즉 어떤 때는 파동방정식에 의해 통제되지만 가끔씩은 파동방정식이 아니라 관측자의 직접적인 간섭에 의해 통제된다는 것은 분명 말이 안 되는 이야기다."

비록 슈뢰딩거 자신이 자신의 생각을 그의 유명한 고양이에게 적용하지는 않았지만, 그의 해석은 고양이의 퍼즐을 근사하게 해결한다. 그의 용어들을 최신화된 형태로 표현하면 이렇다. 두 개의 평행한 우주 또는 세계가 존재하는데, 그중 하나의 우주에서는 고양이가 살아 있고 다른 우주에서는 고양이가 죽어 있다. 하나의 우주에서 상자를 열 때 죽은 고양이가 발견된다. 다른 우주에서는 살아 있는 고양이가 발견된다. 그러나 두 세계는 항상 존재했고, 그 끔찍한 장치가 고양이(들)의 운명을 결정하는 순간 전까지 서로 완전히 동일했다. 이와 같은 그림에서 파동함수의 붕괴는 없다. 1952년 당시 거주하고 있던 더블린에서 가진 강연에서 슈뢰딩거는 동료들이 어떤 반응을 보일지 예상하면서도 자신의 해석을 발표했다. 슈뢰딩거는 자신의 파동방정식이 기술하는 것처럼 보이는 서로 다른 가능성들은 서로에 대한 '대안들이 아니라 이 모든 것들이 실제로 동시에 일어나는 것들'이라고 강조한 후 다음과 같이 말했다.

> [양자이론가가] 말하는 거의 대부분의 결과는 대개 아주 많은 대안들 중에서 이러한 또는 저러한 일이 발생할 확률에 대한 것이다. 이들이 대안들이 아니라 실제로 모두 동시에 일어나는 것이라는 생각은 그

> 에게는 정신 나간 일, 단순히 불가능한 것으로 보인다. 그는 자연의 법칙이 이러한 형식을 띤 채 가령 25분 정도가 지나면 우리 주변에 있는 것들이 빠르게 수렁으로, 일종의 특색 없는 젤리 또는 플라즈마의 모습으로 바뀌어 사물들의 모든 윤곽은 희미해지고, 우리 자신도 아마 해파리처럼 변할 것이라고 생각한다. 그러나 그가 그렇게 믿는 것은 이상한 일이다. 왜냐하면 관측되지 않는 자연이 이러한 방식으로—즉 파동방정식을 따라—행동한다는 것을 그가 인정하는 것으로 내게는 보이기 때문이다. 앞서 언급했던 대안들은 오직 우리가 관측을 할 때만 등장한다. 물론 이때의 관측이 과학적 관측일 필요는 없다. 양자이론가에 따르면, 자연은 여전히 우리의 지각 또는 관측에 의해서만 급격하게 젤리화되는 것을 피하는 것으로 보인다. …… 이것은 이상한 결정이다.

사실상 그 누구도 슈뢰딩거의 생각에 응답하지 않았다. 이 의견은 불가능한 것으로 간주되어 무시되고 잊혀졌다. 따라서 에버렛은 다세계 해석에 대한 그 자신의 판본을 전적으로 독립적으로 발전시켰다. 거의 완전히 무시되기만 했지만. 그러나 양자적 선택들에 직면했을 때 우주가 그 자체로 서로 다른 판본들로 '분기'한다는 개념을 도입하여, 수십 년 동안 쟁점을 복잡하게 만든 것은 에버렛이었다.

에버렛은 프린스턴대학교 박사과정이던 1955년에 이 생각을 떠올렸다. 그의 원래 생각은 당시에는 출판되지 않은 그의 학위논문 초고에서 전개되었는데, 여기서 그는 이 상황을 아메바가 두 개의 딸세포로 분열하는 것에 비교했다. 만약 아메바에게 뇌가 있다면 각각의 딸세포는 분열되기 이전까지의 동일한 역사를 기억할 것이고 그다음부터는 자신의 고유한 개별적 기억을 가질 것이다. 우리에게 친숙한 고양이의 예를 들자면, 우리는 그 끔찍한 장치가 격발되기 전까지는 하나의 우주와 한 마리의 고양이만을 갖지만, 장치가 격발되고 나면 두 개의 우주와 그 각각에 존재하는 고양이 등등을 갖는다. 에버렛의 박사과정 지도교수였던 존 휠러는 에버렛에게 논문에 쓸 수 있도록 그의 생각에 대한 수학적 기술을 발전시키라고 격려하였고, 그 결과 에버렛은 1957년 《현대 물리학 리뷰*Reviews of Modern Physics*》에 논문을 출판했지만 그 과정에서 아메바의 비유는 누락되어 이후에

새로 출판되기 전까지 이 비유는 사라졌다. 그러나 에버렛은 그 어떤 관측자도 다른 세계의 존재를 결코 알 수 없긴 하지만 우리가 다른 세계들을 볼 수 없다는 이유로 이 세계들이 존재하지 않는다고 주장하는 것은 타당하지 않다는 점을 지적했다. 이는 우리가 지구의 움직임을 느낄 수 없다고 해서 지구가 태양 주위를 돌 리가 없다고 주장하는 것만큼이나 타당하지 않다.

에버렛 자신은 결코 다세계 해석의 개념을 홍보한 적이 없다. 그는 박사학위 논문을 완성하기 전부터 미국 국방부에 들어가 무기체계평가단에서 비밀스런 냉전 문제들에(그가 한 몇몇 일들은 보안상 너무 중요하여 아직까지 기밀로 분류되어 있다) 수학적 기술을 응용하는 일을 했으며(이는 전쟁과는 무관해 보이는 이름인 '게임 이론'이라 불렸다), 학계에서는 철저히 그 모습을 감추었다. 그의 생각이 동력을 얻은 것은 1960년대 후반부터인데, 이는 노스캐롤라이나대학교의 브라이스 디윗Bryce DeWitt이 에버렛의 개념을 수용하여 열렬히 홍보했기 때문이다. 디윗은 다음과 같이 말했다. "모든 별, 모든 은하, 우주의 멀고 먼 모든 구석구석에서 일어나는 모든 양자 전이는 지구 위에 있는 우리의 국소적 세계를 무수히 많은 그 자신의 복제물들로 분기시키고 있다." 이러한 디윗의 견해는 휠러가 볼 때 너무 과격하다고 생각되어, 휠러는 원래는 다세계 해석을 옹호했지만 1970년대에 들어 자신의 입장을 철회하면서 다음과 같이 말했다. "나는 어쩔 수 없이 이와 같은 관점에 대한 나의 지지를 포기해야만 했다. 왜냐하면 이 관점이 형이상학적으로 과도한 부담을 지고 있다고 우려되기 때문이다."* 아이러니하게도 바로 그때부터 이 해석은 다시 살아나 우주론과 양자컴퓨팅에 적용되며 변환되었다.

이 해석의 강점은 이 해석을 완전히 받아들이기 주저하는 사람들에게서조차도 인정되기 시작했다. 존 벨에 따르면 이 해석에 의해 "세계들과 함께 사람들 역시 늘어나고 특정한 분기 세계에 있는 사람은 그 세계에서 일어나는 것들만을 경험할 것"이지만, 그는 이 해석에 있는 장점을 어쩔 수 없이 다음과 같이 인정한 바 있다.

'다세계 해석'은 나에게 과도하고 아주 모호한 가

---

* H. 울프가 편집한 《비율 속의 몇몇 이상한 점들*Some Strangeness in the Proportion*》(Addison-Wesley, 1981)에서 인용.

> 설처럼 보인다. 나는 거의 이 해석을 그저 우스운 것으로 여기며 그냥 지나칠 뻔했다. 하지만…… 이 해석은 '아인슈타인 포돌스키 로젠 퍼즐'과 관련하여 특별한 의미를 가질 수 있을 것으로 보이고, 내 생각에 이 해석이 정말 그런지를 보려면 이 해석에 대한 좀 더 정확한 판본을 공식화할 필요가 있을 것이다. 그리고 모든 가능한 세계들의 존재는 우리로 하여금 우리가 살고 있는 세계를 좀 더 편안하게 대할 수 있게 해줄 것이다…… 우리의 세계는 몇몇 측면에서 고도로 있을 법하지 않은 것으로 보이기 때문이다.*

다세계 해석의 정확한 판본을 제시한 것은 옥스퍼드 대학교의 데이비드 도이치David Deutsch였는데, 결과적으로 그는 슈뢰딩거 판본의 생각을 견고한 기반 위에 올려놓게 되었다. 비록 도이치가 그의 해석을 공식화할 때 슈뢰딩거 판본에 대해서 알지 못했지만 말이다. 도이치는 1970년대에 디윗과 함께 작업했고, 1977년에 그는

---

* 《양자역학에서 말할 수 있는 것과 말할 수 없는 것》(Cambridge University Press, 1987).

디윗이 주최한 회의에서 에버렛을 만났다. 이 회의는 에버렛이 많은 청중들을 대상으로 그의 생각을 발표했던 유일한 회의였다. 다세계 해석이 양자 세계를 이해하기 위한 올바른 방법임을 확신한 도이치는 양자컴퓨팅 분야에서 개척자가 되었다. 이는 그가 그러한 컴퓨터에 관심이 있어서가 아니라, 작동하는 양자컴퓨터의 존재가 다세계 해석의 실재성을 증명할 것이라는 그의 믿음 때문이었다.

여기서 우리는 다시 슈뢰딩거 판본의 생각으로 돌아간다. 고양이 퍼즐에 대한 에버렛 판본에서는 장치가 격발하기 전까지 한 마리의 고양이만이 존재한다. 장치가 격발하면서 전체 우주는 둘로 분기된다. 디윗이 지적한 바 있듯, 이와 유사하게 멀리 있는 은하 속 전자 하나가 두 개(혹은 그 이상)의 양자 경로 중에서의 선택에 직면하면 이는 우리를 비롯한 전체 우주를 분기시킨다. 도이치-슈뢰딩거 판본에서는 무한히 다양한 우주들이 존재하는데(다중우주), 이는 양자 파동함수의 모든 가능한 해들에 대응한다. 고양이 실험에 관한 한, 동일한 실험자들이 동일한 끔찍한 장치들을 만드는 다수의 동일한 우주들이 존재한다. 이 우주들은 장치들이 격발되는 시

데이비드 도이치

점까지는 동일하다. 장치들이 격발되면 어떤 우주에서는 고양이가 죽지만 다른 우주에서는 고양이가 살아 있고, 이에 따라서 이후 역사들은 서로 달라지게 된다. 그러나 평행세계들은 결코 서로 소통하지 못한다. 아니면 혹시 소통이 가능할까?

도이치는 이전까지는 동일했던 두 개 또는 그 이상의 우주들이 양자적 과정들에 의해서 강제로 서로 구분될 때, 두 개의 구멍 실험에서처럼 우주들 사이에 일시적인 간섭이 일어나고 이는 우주들이 진화함에 따라서 억제된다고 주장한다. 이러한 실험들에서 관측되는 결과가 나타나는 것은 바로 이러한 상호작용 때문이다. 도이치는 지성적인 양자 기계 즉 컴퓨터를 만들어, 이 컴퓨터가 그 '두뇌' 속에서 일어나는 간섭을 포함한 양자 현상들을 모니터하는 것을 목표로 하고 있다. 다소 미묘한 논증을 사용하여 도이치는 지성적인 양자컴퓨터가 평행하는 실재들 속에 일시적으로 존재하는 경험을 기억할 수 있을 것이라고 주장한다. 이는 실제적인 실험과는 너무 거리가 멀다. 하지만 도이치는 다중우주의 존재에 대한 훨씬 더 단순한 '증명' 역시 갖고 있다.

양자컴퓨터를 일반적인 컴퓨터와 질적으로 다르게

만드는 것은 컴퓨터 내부의 '스위치들'이 중첩된 상태들로 있다는 것이다. 일반적인 컴퓨터는 숫자 1 또는 0에 대응하는 켜거나 끌 수 있는 스위치들(전기 회로에서의 단위들)의 집합으로 구성된다. 이는 일련의 숫자들을 이진법으로 조작하여 계산을 수행하는 것을 가능하게 만든다. 각각의 스위치는 비트bit로 알려져 있고, 비트가 많을수록 컴퓨터는 더 강력해진다. 8개의 비트는 1바이트byte가 되고, 오늘날 컴퓨터 메모리는 수십억 개의 바이트 즉 기가바이트Gb를 통해 측정된다. 우리가 이진법을 다루고 있으므로 엄격하게 말하면 1기가바이트는 $2^{30}$바이트이지만, 대개 그대로 받아들인다. 그러나 양자 컴퓨터 속에 있는 각각의 스위치는 중첩된 상태들로 있을 수 있는 개체다. 대개 이들은 원자들이지만 당신은 이들이 스핀 값을 위 방향 또는 아래 방향으로 가질 수 있는 전자들이라 생각할 수 있다. 차이는 바로 중첩 상태로서 전자들의 스핀은 위 방향이자 동시에 아래 방향이라는 것, 즉 0**이고** 1이라는 것이다. 각각의 스위치는 큐비트qubit라고 불린다.

이와 같은 양자적 속성 때문에 각각의 큐비트는 두 개의 비트와 동등하다. 처음에는 이러한 사실이 그다지 인상적인 것으로 보이지 않지만 실제로는 놀랍기 그지없다. 예를 들어 당신이 세 개의 큐비트를 갖고 있다면 이것들은 8가지 방식으로 배열될 수 있다. 000, 001, 010, 011, 100, 101, 110, 111. 중첩은 이와 같은 모든 가능성을 포함하고 있다. 따라서 3개의 큐비트는 6개의 비트(2×3)와 같은 것이 아니라 8개의 비트(2의 3제곱)와 같다. 큐비트와 동일한 비트 수는 항상 2에 큐비트의 수를 거듭제곱한 수다. 고작 10큐비트가 $2^{10}$비트와 동등하며, 실제로 이는 1024비트이나 대개는 1킬로비트라고 불린다. 이처럼 거듭제곱을 하면 그 결과는 급격하게 커진다. 고작 300개의 큐비트를 갖고 있는 컴퓨터는 우주에서 관측할 수 있는 원자들의 수보다 더 많은 수의 비트를 갖고 있는 일반 컴퓨터와 동등할 것이다. 그와 같은 양자컴퓨터는 어떻게 계산을 수행하는가? 이 질문이 중요한 이유는 이미 소수의 큐비트를 포함하는 단순한 양자컴퓨터들이 제작되어 기대했던 대로 작동한다는 것을 볼 수 있었기 때문이다. 이들은 실제로 동일한 수의 비트를 갖고 있는 일반적인 컴퓨터들에 비해서 더 강력하다.

이 질문에 대한 도이치의 답은 다음과 같다. 계산은

중첩에 대응하는 각각의 평행우주 속에 있는 동일한 컴퓨터들에 의해서 동시에 수행된다. 예를 들어 3큐비트 컴퓨터의 경우, 중첩되는 8명의 컴퓨터 과학자들이 동일한 문제에 대한 답을 찾기 위해서 동일한 컴퓨터들을 가지고 작업을 함을 의미한다. 이들이 이와 같은 방식으로 '협업'을 해야 한다는 것은 놀라운 일이 아닌데, 왜냐하면 그 실험자들은 같은 문제를 해결해야 하는 동일한 이유를 갖고 있는 동일한 사람들이기 때문이다. 이와 같은 상황을 상상하는 것은 그다지 어려운 일이 아니다. 그러나 우리가 300큐비트의 양자컴퓨터를 만들 경우—이는 분명히 일어날 일이다—만약 도이치가 옳다면 우리는 우리가 볼 수 있는 우주 속 원자들의 수보다 더 많은 수의 우주들 사이에서의 '협업'을 다루는 셈이 될 것이다. 당신이 이와 같은 상황을 형이상학적으로 과도한 부담이라고 생각할지의 여부는 선택의 문제다. 그러나 만약 부담스럽다고 생각한다면, 당신은 왜 양자컴퓨터가 작동하는지를 설명하기 위한 다른 방법이 필요할 것이다.

대부분의 양자컴퓨터 과학자들은 이러한 함축들에 대해서 생각하지 않는 것을 선호한다. 그러나 아침 식사를 하기도 전에 여섯 가지 이상의 불가능한 것들을 생각하는 데 익숙한 일군의 과학자들이 있다. 바로 우주론자들이다. 우주론자들 중 몇몇은 우주의 존재 자체를 설명하는 최선의 방법으로서 다세계 해석을 받아들인다.

이들의 출발점은 슈뢰딩거가 지적한 바 있듯 방정식들 안에는 파동함수의 붕괴에 대한 언급이 없다는 것이다. 그리고 이 방정식들은 오직 **하나의** 파동함수를 의미한다. 오직 하나의 파동함수가 전체 세계를 상태들의 중첩으로서 기술한다. 다중우주는 우주들의 중첩으로 구성되어 있다.

에버렛의 박사학위 논문의 최초 판본은(이후에 휠러의 조언에 따라 수정되고 축약되었다) 실제로 '우주적인 파동함수 이론'이라는 제목을 갖고 있었다.* 그가 쓴 '우주적인'이라는 표현은 문자 그대로 다음을 의미했다.

> 우리는 상태함수 기술의 보편적인 타당성을 주장하고 있는 까닭에, 우리는 상태함수들 자체를 근본적

---

* 결국 이 논문은 1973년에 B. S. 드윗과 N. 그레이엄이 편집한《양자역학에 대한 다세계 해석*The Many-Worlds Interpretation of Quantum Mechanics*》(Princeton University Press)이라는 책에 실려 출판되었다.

> 인 개체들로서 간주할 수 있고, 우리는 심지어 전체 우주의 상태함수를 고려할 수 있다. 이러한 의미에서 이 이론은 '우주적인 파동함수'의 이론이라 불릴 수 있는데, 왜냐하면 모든 물리학은 오직 이 함수로부터 도출된다고 가정되기 때문이다.

이 인용문에서 '상태함수'는 '파동함수'의 또 다른 이름이다. '모든 물리학'은 우리 즉 물리학의 전문용어로 '관측자'를 포함한 모든 것을 의미한다. 우주론자들을 흥분시키는 것은 자신들이 파동함수에 포함되어 있기 때문이 아니라, 단 하나의 붕괴되지 않는 파동함수라는 이 개념이 전체 우주를 양자역학의 용어로 기술할 수 있으면서도 여전히 일반상대성이론과 양립 가능한 유일한 방법이기 때문이다. 1957년에 출판된 박사학위논문 축약판에서 에버렛은 양자역학에 대한 자신의 서술이 '아마도 일반상대성이론의 양자화를 위한 유망한 틀로 판명될 것'이라고 결론내렸다. 비록 그 꿈이 아직 실현되지는 않았지만, 우주론자들이 이 관점에 천착하기 시작한 1980년대 중반 이래로 이 관점은 우주론자들을 고무시켜 많은 연구들을 하게끔 유도했다. 그러나 이 관점이 형이상학적으로 부담스럽다는 사실에는 변함이 없다.

우주적인 파동함수는 시간 속 특정한 순간에 우주에 있는 모든 입자의 위치를 기술한다. 그러나 이 함수는 또한 그 순간에 그 입자들의 모든 가능한 위치들을 기술한다. 그리고 이 함수는 시간 속 임의의 순간에서 모든 입자의 모든 가능한 위치 또한 기술한다. 비록 가능성의 수는 시간과 공간의 양자적 입상성quantum graininess에 의해 제약되기는 하지만 말이다. 이와 같이 무수히 많은 가능한 우주들 중에는 안정된 별들과 행성들, 그 행성에 사는 사람들이 존재할 수 없는 다수의 우주 판본들이 있을 것이다. 그러나 SF 이야기에서 자주 묘사되는 것처럼 우리의 우주를 거의 정확히 닮은 우주가 최소한 몇 개는 있을 것이다. 도이치는 다세계 해석에 의하면 소설 작품에서 묘사되는 세계도 물리법칙을 따르기만 한다면 다중우주 어딘가에 실제로 존재한다고 말했다. 예를 들어《폭풍의 언덕》의 세계는 실제로 존재한다(반면《해리포터》의 세계는 존재하지 않는다).

이것이 끝이 아니다. 단일한 파동함수는 모든 가능한 시간에서의 모든 가능한 우주들을 기술한다. 그러나 이 함수는 하나의 상태에서 다른 상태로 변화하는 것에 대해서는 아무것도 말하지 않는다. 시간은 흐르지 않는다. '상태 벡터'라고 불리는 에버렛의 매개변수는 제자리에 있으면서 우리가 존재하는 세계에 대한 기술을 포함하며, 우리의 기억에서부터 화석, 멀리 있는 은하들에서 우리에게 도달하는 빛에 이르기까지 이 세계 역사의 모든 기록이 존재한다. 또한 '시간 단계'가 가령 1초(혹은 1시간, 또는 1년) 앞선다는 것을 제외하고는 우리 우주와 똑같은 또 다른 우주가 있을 것이다. 그러나 하나의 시간 단계에서 다른 시간 단계로 움직이는 우주가 존재한다는 암시는 그 어디에도 없다. 이러한 두 번째 우주[시간 단계가 더 빠른 우주]에도 우주적인 파동함수에 의해서 기술되는 '내'가 존재할 것이다. 그러한 나는 내가 갖고 있는 모든 기억들을 갖고 있으면서 추가적인 1초(또는 1시간, 1년 등)에 대응하는 기억을 더 갖고 있을 것이다. 그러나 이와 같은 '나'의 여러 판본들이 동일한 사람이라고 말하는 것은 불가능하다. 서로 다른 시간 상태들은 이들이 기술하는 사건들에 의해서 질서지어질 수 있고 이는 과거와 미래 사이의 차이를 정의하지만, 이 상태들이 하나의 상태에서 다른 상태로 바뀌지는 않는다. 모든 상태들은 그저 존재할 뿐이다. 우리가 지금까지 친숙하게 생각해온 시간은 에버렛의 다세계 해석에서는 '흐르지 않는다.'

그러나 내 생각에 이제 변화가 필요한 시간이 되었다. 또 다른 종류의 해석을 찾아볼 시간이다. 이번에는 결어긋남 해석이다.

해석 4

# 결어긋남 해석

## 일어날 수 있는 모든 일은 이미 일어났고 우리는 그 일부를 알 뿐이다

결이 어긋나려면 무엇인가가 먼저 결이 맞아 있어야만 한다. 물리학자들은 결이 맞는다는 것의 의미에 대한 명료한 이해를 갖고 있으며, 결어긋남 해석decoherence Interpretation의 옹호자들은 양자 세계를 지금과 같이 작동하게 하는 것이 바로 결맞음coherence이라고 주장한다.*

늘 그렇듯이, 두 개의 구멍 실험이 사태의 본질을 잘 보여준다. 두 개의 구멍으로부터 퍼져나가는 빛(또는 그

* [역주] coherence는 '결맞춤', decoherence는 '결풀림' '결잃음' '결깨짐' '결흩어짐' 등으로 번역되기도 한다.

무엇이라도 좋다) 파동들은 원래는 단일한 원천으로부터 비롯된 것이며, 따라서 서로 보조가 맞는다. 구멍들은 결이 맞는 파동들을 서로 다른 경로들을 따라 보내며, 그 경로들의 길이 차이가 파동들의 두 집합이 서로 상호작용하는 방식에 영향을 미친다. **여기**서는 보조가 맞고, **저기**서는 보조가 어긋나는 식으로. 파동들에는 오르고 내리는 규칙적인 패턴이 있는데, 이 때문에 파동들은 서로 간섭하여 빛과 그늘의 규칙적인 패턴을 만들게 된다. 두 개의 횃불에서 퍼져나가 벽을 직접 비추는 빛처럼, 만약 파동들 사이에 결맞음이 없다면 간섭무늬는 존재하지 않을 것이다. 간섭이 있긴 하지만 모든 것이 뒤섞여 패턴이 나타나지 않는다. 결어긋남 해석에 따르면 '양자성quantumness'이 사라지는 것은 이처럼 사물들이 뒤섞일 때다. 그러나 두 횃불에서 오는 빛은 애초에 결이 맞지 않았다. 이 빛은 비결맞음incoherence이었다. 이와 관련된 또 하나의 유용한 비유가 있다. 당신은 가끔 스포츠 경기장에서 '파도타기'를 볼 수 있다. 만약 경기장에 있는 모든 사람이 무작위로 팔을 든다면, 우리가 보는 것은 흔드는 손들이 뒤섞여 있는 모습이다. 그러나 만약 각각의 사람들이 옆 사람의 행동을 따라 하여 제시간에 팔을 올리고 내린다면, 파동이 경기장을 휩쓸게 된다. 이 파동은 결이 맞는다. 무작위적인 손 흔들기는 결이 맞지 않는다. 따라서 '결어긋남'이라는 용어는 양자적 맥락에서 전적으로 적합하지는 않다. 이 모형은 양자역학에 대한 비결맞음 해석incoherent interpretation이라고 부르는 것이 더 적합할지도 모른다. 그러나 이 해석의 광적인 옹호자들은 이러한 이름이 자신들이 좋아하는 개념에 대한 잘못된 인상을 줄 것이라고 느낄지 모른다![*]

만약 그와 같은 옹호자들이 옳다면 양자성과 일상적 세계 사이의 경계는 크기에 의존하는 것이 아니라 결맞음에 의존한다. 보어와 그의 동료들은 이 문제에 대해서 모호한 태도를 취할 수밖에 없었다. 이들은 비록 개별 원자들은 중첩 속에 있을 수 있다고 하더라도, 고양이와 같이 크고 복잡한 대상의 경우 양자 중첩 속에 있기에는 너무 크다고 합당하게 주장할 수 있었다. 그러나 상자 속 고양이 사고실험에 대한 여러 변형들을 상상할

---

★ [역주] incoherent에는 '비논리적인' '모순된' '앞뒤가 안 맞는 말을 하는'의 뜻이 있다.

앤서니 레깃

경우에 당신은 어디에 경계선을 그었는가? 벼룩은 그것이 죽었는지 살아 있는지, 아니면 중첩 상태에 있는지 알 수 있을 정도로 충분히 큰가? 미생물은 어떤가? 아무도 알지 못한다.

이 물음을 해결하고자 한 사람이 있었다. 1960년대 후반과 1970년대에 서식스대학교에서 일했던 앤서니 레깃Anthony Leggett은 당신의 손에 쥘 수 있을 정도로 크거나 이보다 더 큰, 이른바 '거시적' 대상들의 행동을 기술하는 데 여전히 양자역학의 규칙들을 이용할 수 있는지의 여부를 시험하기 위한 실험을 고안하고자 결심했다. 레깃은 이를 위해 SQUID(초전도 양자 간섭 장치Superconducting Quantum Interference Device에서 따왔다)라고 불리는 장치를 만들었다. 전형적인 SQUID는 결혼반지만 한 크기여서 실제로 당신은 이를 손으로 잡을 수 있으나* 이를 작동시키기 위해서는 아주 낮은 온도가 되어야 하므로 이 장치가 작동할 때는 손으로 들고 있을 수 없다. 초전도체에서 순환하는 전류는 한번 흐르기 시작하면 영원히 흐르므로, 우리는 SQUID를 순환하는

* 나는 이것을 갖고 있다.

그와 같은 전류의 행동을 모니터하고 전자기장을 이용해서 이 전류에 수정을 가할 수 있다. 이 실험은 반지를 따라 맴도는 전자 파동이 마치 단일한 양자적 개체와 같이 행동함을 보여주며, 이는 원자보다 1억 배 더 큰 크기다(이는 분명 박테리아 또는 벼룩보다도 훨씬 더 큰 크기다). 레깃은 그의 첫 번째 목적을 달성했다. 그러나 이 실험에는 더 많은 의미가 있다. 당신은 그 파동이 반지를 따라 이 방향 또는 저 방향으로 흐를 수 있지만 동시에 두 방향 모두로 흐를 것이라고 생각하지는 않을 것이다. 그러나 이는 잘못된 생각이다. 21세기 초에 수행된 실험들은 파동이 반지의 두 방향으로 동시에 움직일 때 일어나는 효과들을 보여주었다. 두 개의 서로 다른 파동들이 서로 반대 방향으로 움직이는 것이 아니라 **같은** 파동이 한 번에 두 방향으로 가는 것, 즉 중첩인 것이다. 대상의 양자성을 결정하는 것은 대상의 크기가 아니라 파동의 결이 맞는다는 사실이다.

이상과 같은 작업은 초기 이래로 엄청난 발전을 거두었으며 그 과정에서 레깃은 노벨상과 기사 작위를 받았다. SQUID 장치들은 그 크기가 커져 인간 신체에서 생성되는 자기장에 대한 민감한 탐지기로서 의학 분야에서 실제 활용되고 있으며, 양자컴퓨터의 잠재적인 구성품이기도 하다. 그러나 지금으로서 중요한 것은 이들이 파동의 결이 맞을 때는 특징적인 양자 상태를 보여주는 거시적인 사례와 같이 행동하지만, 이 장치들의 온도가 올라가 파동들의 결이 어긋나면 이들은 양자성을 보여주는 것을 멈춘다는 것이다. 보어의 언어로 말하면 결어긋남이 '파동함수의 붕괴'를 야기하는 것처럼 보인다. 몇몇 사람들은 이러한 점을 들어 결어긋남 해석은 단지 또 다른 이름의 코펜하겐 해석일 뿐이라고 추정한다. 그러나 이 추정은 엄격한 결어긋남 해석에서 중첩과 얽힘이 차지하는 핵심적인 역할을 무시하고 있다.

중첩과 얽힘은 같은 동전의 양면이다. 두 '입자들'이 서로 상호작용하면 서로 얽히게 되고, 그 이후에는 영원히 한 입자에 일어나는 일이 다른 입자에 영향을 준다. 실제로 두 입자는 이제 단일한 개체인 것이다. 이와 유사하게 한때 SQUID 반지를 두 방향으로 돌았던 단일한 파동은 중첩 속에 있는 두 개의 파동으로 생각할 수 있고, 서로 얽혀 있다. 그 결과로 단일한 양자적 개체, 즉 한 방향이 아니라 두 방향으로 가는 파동이 된다. 얽힘이 세계가 작동하는 방식에 대한 타당한 기술임이 확립된 1980년대의 실험들과 같은 시기에야 결어긋남 해석이 등장했다는 것은 놀라운 일이 아니다.

그렇다면 '순수한' 양자적 개체가 외부 세계와 상호작용하여 '결이 어긋날 때' 정확하게 무슨 일이 일어나는 것일까? 이때는 얽힘이 **덜**해지는 것이 아니라 **더**해진다. 순수한 양자적 상태에 있는 외로운 입자 하나를 상상해보라. 이 입자가 또 다른 입자를 튕겨내자마자(혹은 이 입자가 빛의 광자와 상호작용하는 경우에도) 이 입자는 얽히게 된다. 만약 두 개의 얽힌 개체들 중 어떤 하나가 제3의 개체와 상호작용한다면 이 세 개의 개체 모두 얽히게 되며 이들의 양자적 상태들은 중첩된다. 얽힘은 속담 속의 산불보다도 더 빨리 퍼지므로 (SQUID 실험과 같은 아주 특별한 상황을 제외하고는) 실질적으로 외부 세계와 분리된 '순수한' 양자적 계와 같은 것은 존재하지 않는다. 오직 원래의 입자와 상호작용했던 모든 것과, 그 모든 것이 지금까지 상호작용했거나 접촉했던 모든 것들이 중첩된, 두 개의 얽힌 계가 존재할 따름이다. '결어긋남'은 실제로 전체 세계—우주—에 있는 모든 것을 단일한 양자계로 연결하는 것을 포함한다. 우리는 더 이상 한때 고립되어 있던 입자의 양자성을 탐지하는 것이 아니다. 왜냐하면 이 입자는 모든 다른 것들과 섞여 있기 때문이다. 그 결과인 비결맞음은 가장 단순한 계들을 제외한 모든 것들 근저에 있는 양자성을 밝히는 것을 아주 어렵게 만든다. 수학자들은 그것을 밝히는 것이 원리상 가능하다고 말할 것이다. 왜냐하면 양자 세계를 기술하는 방정식들은 시간-가역적이기 때문이다. 그러나 누군가가 그와 같은 실험을 해주기를 기다리는 것은 현명한 일이 아닐 것이다.

필립 볼Philip Ball이 지적했던 것처럼, 결어긋남은 관측 가능한 우주 속의 기본 입자들보다 많은 양자적 상태들의 중첩과 동등한 비결맞음 상태를 아주 빠르게 생성한다. 볼은 다음과 같이 묻는다. "어떤 문제가 그것을 풀기 위해 가용한 정보가 우주 속에 충분하지 않다는 이유만으로 절대 불가능한 문제라고 말할 수 있겠는가?"* 볼은 또한 어떤 계가 결어긋나는 데 얼마나 시간이 걸릴지에 대한 추정치를 제시한다. 결어긋남은 더 큰 대상들에게서 더 빨리 일어난다. 왜냐하면 이 대상들 안

---

* 물론 데이비드 도이치는 이를 전혀 문제라고 생각하지 않을 것이다! 그러나 이러한 해석은 기본적으로 결어긋남과 관계된 것이지 다세계 해석과 관계된 것이 아니다.

에는 다른 사물들과 그리고 서로 간에 상호작용할 수 있는 비트들이 더 많이 있기 때문이다. 공기 중에 떠돌아다니며 주변의 많은 분자들과 부딪히는 먼지 입자의 경우 결이 어긋나는 데는, 빛의 속도로 움직이는 광자가 양성자의 지름만큼의 거리를 움직이는 데 필요한 시간보다 더 적은 시간이 걸린다. 심지어 항성 간의 우주공간에서 자유롭게 떠돌며 우주배경복사의 광자들 외에는 어느 것과도 상호작용하지 않는 먼지 입자도 결어긋나는 데 대략 1초가 걸린다. "사실상 결어긋남은 순식간에 필연적으로 일어난다." 이는 슈뢰딩거의 유명한 고양이에도 적용된다. '죽어 있으면서 동시에 살아 있기' 위해서 고양이는 어떤 몹시도 있을 법하지 않은 순수한 양자성의 결맞음 상태로 '준비되어' 있어야만 할 것이다. SQUID를 순수한 양자적 상태로 준비시키는 것과 이러한 준비를 고양이에게 시키는 것은 완전히 다른 일이다. 만일 당신이 고양이를 그렇게 준비시킨다면, 고양이는 공기 중에 떠도는 먼지 입자가 결어긋나는 것보다 더 빠르게 죽은 고양이 또는 산 고양이로 결어긋날 것이다.

이는 또한 코펜하겐 해석에 대한 철학적 반론 중 하

나를 무력화시킨다. 액면 그대로 보면 코펜하겐 해석은 어떤 것이 관측되거나 측정되기 전까지는 '그 어떤 것도 실재하지 않는다'라고 말한다. 상자 속에 있는 고양이 같은 사물은 상태들의 중첩으로 존재할 수 있다. 따라서 이 해석의 반대자들은 다음과 같이 묻는다. 아무도 달을 쳐다보지 않아도 달은 존재하는가, 아니면 달은 모든 가능한 양자적 상태들의 중첩으로 존재하는가? 이러한 의미에서 달은 지구에 생명이 있기 전에도 존재했나? 보어는 이에 대한 만족스러운 대답을 갖고 있지 않았다. 결어긋남 해석은 이에 대한 답을 갖고 있다. 햇빛의 광자들까지도 필요 없이 우주배경복사로부터 오는 광자들만으로도 결어긋남을 일으켜 달을 '실재하는 것'으로 만들기에 충분하다.

그러나 이것이 결어긋남 해석에 대한 이야기의 끝이 아니다. 이 해석을 여기 지금(얽힌 우주에서 '여기 그리고 지금'이 무엇을 의미하는지와 상관없이)에만 적용하는 대신, 몇몇 연구자들은 이와 같은 사고방식을 우주의 전체 역사—혹은 역사들—에 적용했다. 예전에는 독립된 별개의 해석이었던 정합적 역사 해석Consistent Histories Interpretation이 이제 결어긋남 역사 해석이 되었다. 그러나 우선 나는 이 이야기의 '정합성'에 대한 논의부터 시작할 것이다.

양자적 세계(또는 거시적 세계)에 대해 우리가 아는 유일한 것은 우리가 볼 수 있고 측정할 수 있는 것이라는 생각을 상기해보자. 실험 또는 측정을 수행하기 전에 우리는 실험에서 서로 다른 결과들이 나올 확률만을 계산할 수 있다. 그러나 일단 우리가 측정을 하고 나면 우리는 명확한 결과를 얻는데, 이 결과는 어떤 의미에서 가능성들의 배열에서 선택된 것이다. 정합적 역사 접근법의 논증은 다음과 같다. 측정의 결과가 무엇이든지 간에—세계에서 일어나는 그 어떤 일이라도—그것은 과거 즉 역사와 일관되어야만(정합적이어야만) 한다. 따라서 우리가 두 개의 구멍 실험에서 생성된 간섭무늬를 들여다볼 경우, 우리가 말할 수 있는 것은 그 무늬가 구멍들을 통과하여 서로 간섭한 파동들과 **일관된다**는 것뿐이다. 빛에 의해 금속 표면에서 전자가 방출될 때, 우리가 말할 수 있는 것은 이 현상이 광자의 형식으로 도착하는 빛과 **일관된다**는 것뿐이다.

이 모든 것의 우주론적 함축들은 광범위하게 논의된 바 있고, 특히 스티븐 호킹Stephen Hawking과 그의 동료들의 논의가 주목할 만하다. 호킹은 양자적인 용어들로 우주의 기원을 이해하고자 시도하는 전통적인 방법을 '아래에서 위로의' 접근법이라고 기술했다. 당신은 최초에 우주가 어떻게 보였을지를 추측함으로써, 예를 들어 파동함수들의 중첩이었을 것이라 추측함으로써 논의를 시작한다. 그리고 이 상태로부터 어떻게 오늘날 우리가 보는 상태를 갖게 되었는지를 연구한다. 호킹은 이에 대한 대안인 '위에서 아래로의' 접근법을 선호한다. 이 접근법에서는 지금 우리가 있는 상황에서 시작하여 일관된 방식으로 과거로 거슬러가며, 우리 우주의 기원이 될 만한 파동함수들이 무엇인지를 결정한다.

여기서 문제는 우리가 관측하는 결과에 도달할 수 있는 하나 이상의 방식이 존재할 수 있다는 것, 하나 이상의 정합적 역사가 존재할 수 있다는 것이다. 이 접근법에 의해 드러날 수 있는 유일한 '우주의 역사'는 존재하지 않는다. 전자를 이용한 이중 슬릿 실험에서 전자가 탐지 스크린 위의 특정한 점에 도달했을 때, 이 전자가 어느 구멍을 통과했는지를 말할 수 있는 방법은 없다. 두 개의 역사 모두 우리가 관측하는 것과 일관된다. 그리고 거시적 세계는 두 개의 구멍 실험보다 훨씬 더 복잡해서 훨씬 더 광범위한 정합적 역사들 속에서 선택할 수 있다. 나는 나중에 이와 관련된 논의로 돌아올 것이다. 그러나 우선 이 이야기 속의 어떤 지점에서 결어긋남이 개입되는 것일까?

만약 모든 '측정', 모든 양자적 상호작용이 가능한 역사들의 배열 속에서 선택되는 것이라면, 우리는 시간을 역행하여 결어긋남을 통해 일관된 역사들의 판본들을 걸러내며 빅뱅에까지(그보다 더 거슬러 올라갈 수도 있겠으나 나는 거기까지는 가지 않겠다) 거슬러 올라가는 것을 상상할 수 있다. 최초 시작점에서는 모든 것이 가능하다. 그러나 임의의 양자적 상호작용이 일어나자마자 몇몇 가능성들은 배제되고 서로 다른 우주들의 다양성은 줄어든다. 즉 일관된 **과거의** 우주들의 범위는 줄어든다. 이러한 과정은 현재까지로 이어져, 가능성의 세계들로부터 우리 우주의 역사를 선택하게 된다(그러나 중요한 것은 오직 우리 우주만이 선택되는 것은 아니라는 것이다). 결어긋남 역사 접근법은 유일한 우주를 선택하지 않는다. 우리는 다른 경로를 통해 다세계라는 주제의 한 변형으로 돌아오게 된 셈이다.

결어긋남을 이용해서 다세계 해석을 '다역사Many Histories' 해석으로 변환시키는 가능성은 몇몇 물리학자들에게 모든 세계가 동등하게 실재한다는 다수의 평행세계가 갖고 있던 형이상학적 부담을 제거하고, 이를 오직 가능성들 사이에서 유령과 같이 존재할 뿐인 서로 다른 역사들로 대체하는 것처럼 보였다. 그러나 1990년대 중반에 이르러 상황이 그렇게 단순하지 않다는 것이 분명하게 드러났다. 캐나다의 페리미터연구소에서 일하는 리 스몰린Lee Smolin은 페이 다우커Fay Dowker가 이러한 가능성들에 대해 논의하는 회의에 참석한 이후 번뜩이는 통찰을 얻었다. 스몰린은 이 통찰을 이후 자신의 책 《양자 중력으로 가는 세 가지 길》*에서 다음과 같이 기술했다.

> 입자들이 특정한 위치를 가지는 우리가 관측하는 '고전적' 세계는 그 이론의 해에 의해서 기술되는 정합적 세계들 중 하나일 수 있지만, 다우커와 [에이드리언] 켄트의 연구 결과는 무한한 수의 다른 세계

* *Three Roads to Quantum Gravity*(Weidenfeld & Nicolson, London, 2000). 제법 어려운 책이다.

> 들 또한 존재해야 함을 보여주었다. 게다가 지금까지는 고전적이었지만 향후 5분 이후에는 우리의 세계와는 전혀 달라질 정합적 세계들이 무한히 존재했다. 심지어 더 골치 아픈 것은 지금은 고전적이지만 과거의 어느 시점에서는 고전적 세계들의 중첩들로 임의적으로 섞여 있던 세계들도 존재했다는 것이다. …… 만약 정합적 역사 해석이 옳다면, 우리에게는 현재 존재하는 화석들로부터 수억 년 전에 공룡들이 지구 위를 으르렁거리며 돌아다녔다고 연역할 수 있는 권한이 없다.

모든 역사들은 동등하게 실재하며, 우리가 무엇을 우리 세계의 '유일한' 역사로서 지각할지는 우리가 세계에 대해 묻는 질문들에 달려 있다. 우리가 전자들로 실험할 때와 꼭 같은 방식으로, 만약 우리가 파동을 찾으면 우리는 파동을 얻지만, 만약 우리가 입자들을 찾으면 우리는 입자들을 얻을 것이며, 만약 우리가 과거에 공룡이 존재했던 증거를 찾으면 우리는 과거에 공룡이 존재했다는 것과 일관되는 역사를 찾을 것이다. 이것은 과거에 공룡들이 '실제로 존재했음'을 필연적으로 의미하는 것이 아니다. 그저 오늘의 세계 상태가 과거에 공룡들이 존재했을 가능성과 일관된다는 것이다. 스몰린이 말한 바 있듯, 우리는 '우리가 해답을 공식화할 수는 있지만 질문을 공식화할 수는 없는 이론'을 갖고 있는 셈이다.

모든 사물들이 모든 사람들에게 동일하게 받아들여지지 않고 사람들의 취향에 따라서 달라지는 것처럼, 당신은 결어긋남 해석을 코펜하겐 해석의 한 판본이라고 볼 수도 있고, 다세계 해석의 한 판본이라고 볼 수도 있다. 그러나 이들 중 그 어떤 것도 당신의 취향이 아니라고 해도 걱정하지 마시라. 아마도 당신은 앙상블 해석에서 위안을 찾을 수 있을 것이다.

해석 5

# 앙상블 해석

## 존재 가능한 모든 것은 공간을 뛰어넘어 상호작용한다

앙상블 해석Ensemble Interpretation은 코펜하겐 해석에 대한 최초이자 가장 단순한 대안이며 아인슈타인이 선호했던 해석이다. 아인슈타인은 다음과 같이 말했다.

> 양자이론적인 기술을 개별적인 계들에 대한 완전한 기술로서 생각하고자 하는 시도는 부자연스러운 이론적 해석으로 귀결된다. 만약 우리가 양자이론적인 기술을 개별적인 계들이 아니라 계들의 앙상블을 지칭하는 것으로 보는 해석을 수용할 경우, 앞서 언급했던 해석은 곧장 불필요해진다.*

캐나다의 사이먼프레이저대학교에서 일하고 있는, 우리 시대에 앙상블 해석을 주도적으로 옹호하고 있는 레슬리 밸런타인Leslie Ballentine은 다음과 같이 설명한다. 코펜하겐 해석에 대한 아인슈타인의 "비판 중 다수의 물리학자들에게 최소한 암묵적으로 수용된 부분은, 양자 상태(파동) 함수가 개별 계에 대한 기술을 제공하는 것이 아니라 유사한 계들의 앙상블에 대한 기술을 제공한다는 것이다." 그러나 이 '해석'은 실제로는 그 어떤 것도 해석하지 않고 있다. 이 해석은 단순히 양자 세계에 대한 이상해 보이는 모든 것들이 통계학의 용어들로 설명될 수 있다고 말한다(이 해석은 때때로 '통계적 해석'이라고 알려져 있다). 이는 마치 범행 현장에서 구경하러 온 군중들에게 이렇게 지시하는 경찰과도 같다. "여기에는 볼 것이 없으니 이동해주세요."

이때 통계는 앙상블의 통계다. 그러나 이때의 앙상블은 대부분의 사람들이 이 단어를 들었을 때 마음속에 떠올리는 종류의 것이 아니다. 일상 언어에서 앙상블은

---

★ P. A. 쉴프Schilpp가 편집한《알베르트 아인슈타인: 철학자-과학자*Albert Einstein: Philosopher-Scientist*》(Harper & Row, New York, 1949)를 참고하라.

몇몇 공통된 속성을 갖거나 함께 작동하는 것들의 집합이다. 예를 들어 음악에서 현악 앙상블처럼 말이다. 통계학자에게는 600개의 동일한 주사위들의 집합체가 앙상블을 이루는데, 만약 이러한 주사위들을 한꺼번에 굴릴 경우에 우리는 확률의 법칙에 따라 대략 6의 눈 100개, 5의 눈 100개, 4의 눈 100개, 3의 눈 100개, 2의 눈 100개, 1의 눈 100개를 볼 것이라고 기대할 것이다. 그러나 동일한 통계적 결과를 얻는 이와 다른 방법이 있다. 하나의 완벽한 주사위를 가지고 이를 600번 굴리는 것이다. 당신은 6의 눈이 약 100번 나오고, 5의 눈이 약 100번 나오고 등등을 기대할 것이다. 바로 이것이 양자 물리학자들이 언급하는 종류의 앙상블이다. 기체 분자들로 가득 차 있는 상자는 이러한 의미의 앙상블을 구성하지는 않는다. 그러나 동일한 방식으로 실험할 수 있는 다수의 동일한 기체 상자들은 앙상블을 구성한다. 이상적 상황에서, 당신은 정확히 동일한 입자에 정확히 동일한 실험을 여러 번 하고 이러한 각각의 '시행' 결과를 확인할 것이다. **그것이** 앙상블이다. 시행 결과는 막스 보른에 의해 발전된 규칙들에 따라서 확률 분포를 따를 것이다.

그와 같은 이상화된 실험을 수행하는 것은 매우 어렵겠지만 그것이 여기서 핵심은 아니다. 예를 들어 동시에 100만 개의 전자들을 이중 슬릿 실험에서 통과시켜서 반대편에서 이 전자들을 탐지하는 대신, 같은 전자를 100만 번 계속 되풀이해서 통과시키고 전자가 반대편에서 탐지되는 위치를 계속 확인하는 것을 생각해볼 수 있다. 앙상블 해석의 옹호자들이 좋아하는 핵심 논점은 이때의 입자들이 일상적 용법의 실제 입자들이라는 것이다. 파동함수는 개별적 입자들에 적용되지 않으므로, 예를 들어 각각의 개별 전자는 실제로 그 스핀이 위 방향 또는 아래 방향이지만, 당신이 많은 입자들을 갖고 있을 때 개별 전자를 확인하는 경우(다른 조건들은 동일하다) 그 각각의 가능성을 발견할 확률은 50 대 50인 것이다. 이 그림에서는 파동-입자 이중성이 없고, 중첩이 없으며, 죽어 있으면서 살아 있는 고양이들도 없다. 물론 같은 한 마리의 고양이를 가지고 고양이 실험을 100번 또는 그 이상을 하기는 어렵겠지만, 만약 당신이 100마리의 고양이를 가지고 순차적으로 실험할 경우, 앙상블 해석에 따르면 이들 중 절반은 살고 절반은 죽을 것이지만 이 고양이들 중 어떤 고양이도 중첩 속에 있지는 않을 것이다.

이와 같은 설명은 매력적으로 들린다. 그러나 유언 스콰이어즈Euan Squires가 지적한 것처럼 우리는 "[해석의] 문제를 해결했다고 주장해서는 안 된다. 우리는 단지 그 존재들을 무시했을 뿐이다…… 개별적인 계들은 존재한다." 앙상블 해석은 실제로는 어떻게 작동하는 것으로 가정되는가? 양자이론에서는 흔히 있는 일이지만, 문제가 되는 계—여기서는 앙상블이다—를 연구하는 동안, 또는 이 계가 외부 세계와 상호작용할 때 무슨 일이 일어나는지를 알아내고자 할 경우 문제는 복잡해진다. 계를 준비하는 것은 특정 정도의 무작위성을 포함하며, 계를 관측하는 것은 또 다른 층위의 무작위성을 포함한다. 우리는 계가 어디서 끝나고 외부 세계가 어디에서 시작되는지의 문제로 되돌아왔는데, 이는 결어긋남 해석에서 얽힘이 우주 전체로 퍼져나가는 것과 같다. 때때로 앙상블 해석을 지지하기 위해 제시되는, 외부 세계와의 이러한 상호작용에 대한 한 예가 이른바 '관측된 냄비watched pot' 실험이다.

이 개념의 핵심은, 비록 양자물리학의 방정식들이 하나의 상태 또는 다른 상태에 있는 계를 찾을 확률을 기술하기는 하지만 방정식들이 하나의 상태**로부터** 다른 상태로 전이하게 만드는 시스템에 대해서는 아무것도 이야기하지 않는다는 것이다. 방정식들에는 '파동함수의 붕괴'를 기술하는 내용이 없다. 그리고 그 어떤 실험도 붕괴하고 있는 파동함수를 포착한 바가 없다. 1954년에 앨런 튜링Alan Turing은 지속적으로 '관측되고 있는' 양자계는 결코 변화하지 않을 것임을 지적했다. 그는 다음과 같이 말했다.

> 만약 한 계가 특정한 관측가능량의 고유상태*에서 시작하고 이 관측가능량에 대해 1초에 N번 측정할 경우, 설혹 이 상태가 정상定常 상태에 있지 않더라도 이 계가 가령 1초 이후에도 계속 같은 상태에 있을 확률은 N이 무한대로 갈 때 1에 가깝게 됨을, 즉 지속적인 관측이 운동을 방해할 것임을 표준적인 이론을 사용하여 쉽게 보여줄 수 있다.**

---

* eigenstate. 파동함수의 단일한 값에 대응하는 양자역학적 상태.

** 앤드루 호지스Andrew Hodges가 쓴《앨런 튜링: 위대한 사상가의 생애와 유산*Alan Turing: Life and Legacy of a Great Thinker*》(Hutchinson, London, 1983)에서 인용.

물리학자들은 다양한 방식으로 이를 설명하고자 시도한다. 그중 하나는 바로 이것이다. 잘 정의된 상태에 있으면서 확률 파동이 퍼져나가서 점점 다른 상태에서 찾을 확률이 높아지고 있는 하나의 계를 상상하자. 만약 당신이 긴 시간을 기다린 후 이 계를 보면 아마도 당신은 이 계가 다른 상태에 있는 것을 관측할 것이다. 그러나 당신이 아주 재빨리 쳐다보면 확률이 변할 시간이 없어서 계는 동일한 상태에 있을 것이다. 계가 중간 상태에 있을 수는 없는데, 왜냐하면 중간 상태라는 것은 없기 때문이다. 따라서 파동은 동일한 위치에서 다시 퍼져나가기 시작해야 한다. 충분히 자주 바라보면 계는 결코 다른 상태로 가지 못한다. 양자 '냄비'는 당신이 계속 바라볼 경우 끓지 않을 것이다. 이것이 바로 튜링의 예측이었고, 이는 지금까지 실험들을 통해서 시험되었다.

이 실험들은 하나의 주제에 대한 다양한 변주들을 포함하고 있다. 전형적으로 '냄비'는 베릴륨과 같은 원소의 수천 개가 되는 이온들인데 전자기장에 의해 붙잡혀 있다. 이온이란 하나 이상의 전자들을 빼앗긴 원자인데, 전자들을 빼앗기면서 양의 전하를 갖게 되어 전자기장에 의해 조작하기가 편하다. 이온들은 그들이 탈출하기를 '원하는' 에너지 상태로부터 더 낮은 에너지 상태로 뛰어 내려가도록 준비될 수 있다. 계의 상태는 레이저를 이용하는 민감한 장치를 통해 확인할 수 있는데, 특정한 시간 이후 얼마나 많은 이온들이 이러한 방식으로 붕괴했는지를 알아낼 수 있다.

한 전형적인 실험에서는 128밀리초 이후에 절반의 이온들이 붕괴했다. 그러나 만약 레이저가 64밀리초 후에 계를 '쳐다볼' 경우, 오직 이온들의 4분의 1만이 붕괴했다. 만약 레이저가 매 4밀리초마다 깜박거려 256밀리초 동안 총 64번 바라보았을 경우, 대부분의 이온들이 여전히 원래 상태에 있었다. 파동함수에 대응하는 확률의 용어로 말하자면, 4밀리초 이후 이온이 전이할 확률은 오직 0.001퍼센트이므로 99.99퍼센트의 이온은 계속 준위 1에 머물러야 하기 때문에 '끓는 것'에 실패하는 것이다. 그리고 이는 모든 4밀리초의 간격에 적용된다. 관측 사이의 시간 간격이 작아질수록 효과는 더 강해진다. 파동함수들을 쳐다볼 경우 이들은 결코 붕괴하지 않는다. 그렇다면 대체 왜 파동함수들이 붕괴해야 한다고 기대해야 하는가? 밸런타인은 파동함수가 붕괴하지 않으며 이것이 앙상블 해석을 지지하는 실험적 증

거라고 주장한다.

하지만 앙상블 해석에는 하나의 큰 문제가 있다. 이 해석은 구체적으로 파동함수가 개별적인 양자 개체들에 적용되지 않으며 상태들의 중첩과 같은 것은 존재하지 않는다고 말한다. 그러나 실험자들은 오늘날 파동함수 기술을 따르는 것처럼 보이는 (양자컴퓨팅과 같은) 상황들에서 일상적으로 전자와 같은 개별적인 양자 개체들을 다루며, SQUID 반지는 중첩 상태에 있는 거시적인 단일 양자 개체(전자 파동이 동시에 양쪽 방향으로 움직인다)를 증명할 수 있는 것처럼 보인다. 나는 예전에 이것이 앙상블 해석에 대한 결정적인 반박이라고 생각했다. 그러나 리 스몰린은 새롭게 이 해석을 부활시켰다.

앙상블 해석의 이 새로운 판본은 오늘날 실험에 의해 우주의 핵심적인 특징임이 밝혀진 비국소성이라는 개념을 완전히 포용한다. 아인슈타인은 아마도 자신이 선호한 해석이 이와 같이 변형된 것을 그다지 달가워하지 않았을 것이다. 그러나 스몰린은 이러한 새로운 해석에 아주 기뻐하며 그 특유의 대담함으로 이를 '실재적 앙상블 해석Real Ensemble Interpretation'이라고 부른다. 핵심적인 차이점은 다음과 같다. 전통적인 앙상블 해석에서 앙상블의 구성원들은 실제로 동시에 모두 존재하는 것이 아닌 반면, 스몰린의 앙상블 해석에서는 모든 구성원이 동시적으로 실재한다. 이러한 논점을 좀 더 명료하게 만들기 위해서 약간의 전문 용어가 필요하다. 앙상블의 가능한 양자 구성 성분들(예를 들어 수소 원자)은 '존재 가능한 것beable'이라 불리는데, 왜냐하면 이들은 존재할 수 있는 것들이기 때문이다. 그러나 600개의 주사위를 한 번에 굴리는 것이 아니라 하나의 주사위를 600번 굴리는 경우, 이들은 함께 같은 시간에 존재하는 것이 아니다. 스몰린이 제시한 실재적 앙상블 해석은 앙상블을 이루는 존재 가능한 것들이 하나의 주사위를 600번 굴리는 경우와는 달리 실제로 600개의 주사위들을 함께 굴린 경우와 같이 동시에 존재한다고 말한다. 임의의 주어진 시간에 임의의 양자계에서는 존재 가능한 것들의 값들에 의해 결정되는 실재적인 사태들의 상태가 존재한다.

스몰린은 다음과 같은 합리적인 원리로부터 출발한다. 우주 속 실재하는 계의 행동에 영향을 미치는 것으로 가정되는 모든 것은 그 자체로 우주 속에 실재하는 계라는 것이다. 스몰린은 "'잠재적인 것이 실재적인 것

리 스몰린

에 영향을 미치는' 유령 같은 방식이 존재한다고 상상하는 것"은 수용할 수 없다고 말한다. 예를 들어 파일럿 파동 해석에서 파동은 우주의 실재적 특성이며 존재 가능한 것이지, 어떤 유령 같은 '확률 파동'이 아니다. 그러나 이 해석은 스몰린에 의해서 제시된 또 다른 공준, 즉 자연 속에서는 그 어떤 곳에서도 '비상호적인 작용'이 있어서는 안 된다는 공준을 위배한다. 이는 고전적 계들에서 작용과 반작용은 동일하면서 방향이 반대라는 뉴턴 법칙의 확장이다. 파일럿 파동 해석에서 파동은 입자에 영향을 미치지만 입자는 파동에 영향을 미치지 않는다. 이는 상호적이지 않다. 그러나 스몰린이 그리는 앙상블 해석 그림에서는 앙상블의 모든 존재 가능한 것들이 서로에 대해서 상호적으로 영향을 미쳐서 두 개의 구멍 실험과 같은 실험들에서 우리가 보는 행동을 생성한다. 그리고 만약 앙상블의 모든 구성 성분들이 실재적이라면, 이들 사이에서 새로운(이전까지는 발견되지 않았다는 의미에서) 상호작용이 존재할 수 없어야 하는 이유는 없다.

스몰린은 하나의 예를 제시하는데, 이 예에는 바닥 상태라 불리는 가장 낮은 에너지 상태에 있는 수소 원자들이 포함된다. 우주 속에는 그와 같은 모든 수소 원자로 구성된 앙상블이 존재한다. 실재하는 존재 가능한 것들의 실재하는 앙상블인 것이다. 이 앙상블의 이와 같은 구성요소들은 서로 비국소적인 방식으로 상호작용하는데, 여기서 존재 가능한 것들은 그 양자 상태들과 관련되는 확률의 규칙들을 따라 서로의 상태들을 복제한다. 복제 과정의 확률은 구성 성분들의 공간 속 위치에 의존하지 않고 존재 가능한 것들이 앙상블에서 분포되어 있는 방식에 의존한다. 따라서 양자 통계학은 바닥 상태에 있는 수소 원자들이 발견될 장소들의 목록을 갖는 것을 가능하게 해주지만, 각각의 수소 원자가 어느 위치에 있는지를 말해주지는 않는다. 스몰린은 존재 가능한 것들의 쌍이 서로에게 어떻게 영향을 미치는지에 대한 소수의 규칙들을 가지고서 이 과정이 양자계들의 관측된 행동 모두를 생성할 수 있음을 수학적으로 보일 수 있었다. 그리고 또한 이는 왜 고양이와 사람 같은 사물들이 중첩 상태에 있을 수 없는지도 설명할 수 있다.

스몰린에 따르면 양자역학은 바닥 상태에 있는 수소 원자들과 같이 다수의 복제물들을 가지고 있는 우주 속 작은 하위계들에 적용된다. 그러나 고양이나 사람처럼 거시적인 계들은 우주 속 어디에도 복제물을 갖고 있지 않으므로, 이들은 상호작용하는 양자적 존재 가능한 것들을 포함하는 복제 과정에 의해서 영향을 받지 않는다. 이와 같은 의미에서 이들은 상호작용할 대상이 없는 것이다.

이는 몇몇 흥미로운 함축들을 갖는다. 첫째, 우주는 유한해야만 한다. 무한한 우주에는 무한히 많은 당신의 복제물들이 있을 것이고, 따라서 스몰린의 방정식에 의해 기술된 상호작용이 당신에게 영향을 미칠 것이고, 당신은 양자적인 입자처럼 행동하게 될 것이다! 둘째, 스몰린은 그의 단순한 수학적 규칙들로부터 슈뢰딩거 파동방정식을 유도할 뿐만 아니라 고전 역학의 법칙들—뉴턴의 법칙들 등—또한 양자역학의 근사로서 유도할 수 있다. 그러나 그는 양자역학 그 자체가 우주에 대한 좀 더 깊이 있는 기술에 대한 하나의 근사적 판본이 아닌가 의심하며(사실상 이것이 바로 스몰린이 이 난해한 논의에 참여한 진정한 동기였다), 더 나아가 그는 만약 이러한 의심이 맞다면 진정으로 빛보다 빠른 신호가 발생할 것이라고 제안했다. 당신이 눈치챘을 수도 있겠지만, 우리가 아직 궁극적인 이론을 갖고 있지 않다는 것을 알려주는 강력한 힌트는, 존재 가능한 것들 사이의 상호작용이 유일한 우주적 시간의 존재를 암시하는 것 같다는 점이다. 따라서 상호작용은 동시적으로 일어날 수 있으며, 이는 상대성이론의 확장을 요구할 것이다.* 스몰린에 따르면 "양자물리학은 다른 용어들로 공식화되는 우주론적 이론에 대한 하나의 근사임이 분명할 것이다." 그와 같은 근저에 있는 법칙들을 찾기 위해서는 우주 속에서 소수의 복제물들만을 가지는 계들, 미시 세계와 거시 세계의 경계에 있는 계들을 포함하는 실험들을 들여다보아야 할 것이다. 양자컴퓨터와 같은 사물들로 하는 실험들은 우주 속에 이들의 복제물이 존재하는지의 여부를 말하는 것을 가능하게 할지도 모른다. 앙상블의 크기에 의존하는 양자물리학에 대한 교정으로부터 발생하는 실제적이고 관측 가능한 효과들이 있을 수 있다.

만약 이와 같은 모든 논의들이 기이하게 여겨진다면 스몰린은 우리에게 다음과 같은 점을 상기시켜줄 것이다. 한때 사람들은 태양이 행성들의 동역학적 행동에 영향을 주는 것이 불가능하다고 믿었는데, 왜냐하면 그것

* 참고로, 일반상대성이론에서 동시성에 대한 선호되는 측도가 있다고 생각하는 이론가들이 있으나, 이에 관한 논의는 여기서 다루기에는 너무 어려운 까닭에 다루지 않기로 한다.

은 이상한 원격 작용을 포함하기 때문이었다. 내가 앞서 언급한 바 있듯, 심지어 뉴턴조차도 유명한 '나는 가설을 만들지 않는다'라는 선언을 하며 그것이 어떻게 작동하는지를 설명하고자 시도하지 않았다. 실재적 앙상블 해석은 존재 가능한 것들 사이에서의 '새로운' 종류의 비국소적 상호작용을 포함하지만, 이는 고작 100년 전에 태양과 지구 사이의 상호작용에 대한 설명이 일반상대성이론에 의해서 기술되는 '새로운' 종류의 상호작용에 의해서 이루어졌음을 감안하면 그다지 놀랄 만한 일이 아닐 것이다. 비국소성은 이에 익숙하지 않은 비물리학자들에게는 유령같이 여겨지지만, 점점 더 많은 물리학자들은 이제 비국소성을 중력만큼이나 사실적인 것으로서 받아들인다. 이는 아침 식사를 하기 전에 소화하기에는 크게 부담스럽지는 않은 수준의 개념처럼 여겨진다. 공간을 무시하는 상호작용은 세계의 잘 확립된 특성이다. 그러나 시간을 무시하는 상호작용은 어떤가? 우리가 그것에서 위안을 찾을 수 있을까?

해석 6

# 거래 해석

## 미래는 과거에 영향을 미친다

양자역학의 거래 해석Transactional Interpretation은 아인슈타인이 흥미로워한 빛의 본성에 관한 하나의 퍼즐에 그 근원을 둔다. 아인슈타인이 특수상대성이론을 개발하게 된 계기가 빛의 본성에 관한 숙고 덕분이었으므로, 이 사실 하나만으로도 빛의 본성을 심각하게 다룰 가치가 있다. 특수상대성이론으로 이끈 깨달음은 다음과 같다. 빛과 모든 전자기 복사의 행동을 기술하는 방정식들은 빛의 속력이 모든 사람에게 동일하다고 말하며 오늘날 이는 상수 c로 쓰인다. 만약 당신이 나에게 횃불을 비추고 내가 당신 옆에 서 있다면, 나는 횃불로부터 나오는 빛의 속력을 c라고 측정할 것이다. 그러나 설혹 내가 빠른 속력으로 당신에게 다가가거나 당신으로부터 멀어진다고 하더라도, 나는 여전히 횃불로부터 나오는 빛의 속력을 c라고 측정한다. 이와 같은 단순한 사실로부터 아인슈타인은 상대성이론을 발전시켰다.

무엇보다도 빛의 속력이 모든 관측자에게 같음을 말하는 방정식은 '맥스웰 방정식'이라고 알려져 있는데, 그 방정식을 발견한 19세기 물리학자의 이름을 따서 붙여진 이름이다. 그러나 제임스 클러크 맥스웰James Clerk Maxwell의 방정식은 또 다른 흥미로운 속성을 갖고 있다. 이 방정식은 시간 대칭적이다. 움직이는 전자와 연관되는 복사에서처럼 전자기 복사를 포함하는 그 어떤 문제에도 항상 이 방정식에는 두 개의 해가 있다. 하나의 해는 이른바 '지연된retarded' 파동을 기술하는데, 파동은 원천으로부터 나와서 시간 속에서 앞의 방향으로 진행하며, 세계 속 어떤 곳에서 흡수된다. 또 다른 해는 이른바 '앞선advanced' 파동을 기술하는데, 미래로부터 출발하는 이 파동은 세계 속 흡수체로부터 나와서 우리가 파동의 원천이라고 생각하는 것(이 경우에는 움직이는 전자)으로 수렴한다. 대다수의 물리학자들은 단순하게 이러한 '앞선 파동 해'를 무시한다. 그러나 1909년에 아인슈타인은 다음과 같이 말했다.

> 첫 번째 경우에 전기장은 그것을 생성하는 과정들 전체로부터 계산되며, 두 번째 경우에 전기장은 그것을 흡수하는 과정들 전체로부터 계산된다. …… 흡수하는 물체들이 얼마나 멀리 떨어져 있다고 상상하든 관계없이, 두 가지 종류의 표상 모두 항상 사용할 수 있다. 따라서 우리는 [지연된 해]가 [앞선 파동과 지연된 파동의 동등한 부분을 포함하는] 해보다 더 특별하다고 결론내려서는 안 된다.*

**흡수하는 물체들이 얼마나 멀리 떨어져 있다고 상상하든 관계없이.** 이는 근처에 있는 다른 전자들과 상호작용하는 전자들에만 적용되는 것이 아니다. 예를 들어 이는 지구에서 출발해 우주로 퍼져나가는 텔레비전 신

---

* A. 벡Beck과 P. 하바스Havas가 편집한 《알베르트 아인슈타인 선집*The Collected Papers of Albert Einstein*》(Princeton University Press, 1989) 제2권을 보라. 이는 또한 존 크레이머의 책 《양자 악수*The Quantum Handshake*》에도 인용되어 있다(이 책의 참고문헌 참고).

호에도 적용된다. 이 과정을 기술하는 방정식은 우주로부터 시작하여 신호들이 방송된 TV 안테나로 수렴하는 앞선 파동을 기술하는 해를 항상 포함한다. 여기에는 우리가 앞서 다루었던 비국소성에 대한 또 다른(어쩌면 같은?) 종류의 힌트가 있지만, 물론 이는 1909년의 아인슈타인의 마음에는 떠오르지 않았다.

이 개념을 심각하게 받아들인 소수의 사람들 중 한 명이 리처드 파인만이었는데, 그가 1940년대에 프린스턴대학교의 연구생이었던 시절에 있었던 일이다. 지도교수인 존 휠러*의 격려를 받은 파인만은 하나의 전자가 대전된 다른 입자와 상호작용할 때 절반의 파동은 미래로, 다른 절반의 파동은 과거로 간다는 생각을 발전시켰다. 파동이 또 다른 대전된 입자를 만나면, 입자는 시간을 순행하는 절반의 파동과 시간을 역행하는 절반의 파동을 생성한다. 그러나 파인만 판본의 이론에서 두 절반의 파동은 두 입자 사이의 공간을 제외한 모든 곳에서 서로 간섭하여 서로를 상쇄하고, 입자 사이의 공간

* 앞서 등장한 바 있는 동일한 존 휠러다. 그는 오랜 기간 동안 인상적인 이력을 남겼다.

에서 두 절반의 파동은 보강되어 하나의 파동을 만든다. 파인만이 프린스턴에서 이 주제에 대해서 발표했을 때 청중 중에는 아인슈타인과 볼프강 파울리 같은 거두들이 있었다. 파울리는 이 생각이 작동할 것이라고 생각하지 않는다고 말했고, 아인슈타인에게 자신의 생각에 동의하는지를 물었다. 이에 대해 아인슈타인은 다음과 같이 답했다. "아니요, 나는 당신의 생각에 동의하지 않습니다. 다만 나는 중력의 상호작용에 관해 이와 대응하는 이론을 만드는 것이 매우 어려울 것이라고 생각할 따름입니다."

비록 아인슈타인이 이와 같이 옹호했음에도 불구하고 이 생각은 시들해졌다. 왜냐하면 사람들은 미래로부터 오는 파동을 그저 '믿지 않았기' 때문이다. 그러나 1970년대 후반에 시애틀에 있는 워싱턴대학교에서 학생들을 가르치던 존 크레이머John Cramer는 이 개념이 어떻게 양자역학과 통합될 수 있을지에 대한 번뜩이는 통찰을 얻었다. 실제로 파인만의 이 개념은 20년 전 그가 대학원생일 때 알게 된 이후로 그를 사로잡아온 것이었다. 많은 좋은 생각들이 그러하듯, 크레이머의 생각 역시 한번 제시되자 아주 명백한 것으로 여겨졌다.

크레이머의 통찰은 확률 파동과 연관된 입자가 특정한 위치에서 탐지되었을 때 양자계에 있는 '확률 파동'에 무슨 일이 일어나는지를 생각함으로써 촉발되었다. 다른 모든 장소에 있는 파동이 어떻게 그 순간에 사라져야 한다는 것을 '알까?' 그는 플로리다 해변에서 대서양으로 던진 병의 비유를 제시한다. 이 병이 양자적 병이라서 파동 속으로 사라지고 이 파동은 대양 너머로 퍼져 유럽에까지 나아간다고 상상하자. 영국의 어느 해변에 그 병은 다시 나타난다. 그 순간에 전체 대양에 퍼져 있던 파동은 사라진다. 크레이머는 공간 전체를 걸쳐 양자적인 '악수'를 하는 앞선 파동들과 지연된 파동들이 존재함에 틀림없다는 것 그리고 오직 앞선 파동을 '메아리'로 삼은 지연된 파동들만이 입자들의 위치에 영향을 줄 수 있다는 것—A와 B 사이의 공간을 통과하지 않고서 A에서 B로(또는 하나의 에너지 준위에서 다른 에너지 준위로) 이동하는 신비로운 양자역학적 전이를 설명할 수 있다는 것—을 깨달았다. 영국에 있는 병으로부터 나온 파동들이 시간을 거슬러 대양을 가로질러 플로리다로 이동했고, 이 파동들이 유일한 연결을 수립하여 다른 파동들을 소거해버린 것이다. 크레이머에게 이와 같은 해석은 파일럿 파동 모형과 퍽 닮아 보였는데, 파일럿 파동 모형에서도 파동들이 입자들에게 어디로 가야 하는지를 알려주기 때문이다. 단 하나 결정적인 차이가 있다면, 파일럿 파동 해석에서는 시간을 거슬러 나타나는 양 파동들 사이의 악수가 없다는 것이었다.

크레이머의 해석은 EPR 퍼즐 또한 해결한다. 한번 상호작용한 두 입자는 이들과 이들이 상호작용하는 위치 사이에서 일어나는 악수로 인해 상호작용 이후에도 서로 연결된다. 이 모든 것은 슈뢰딩거의 유명한 방정식에 대한 올바른 기술(크레이머의 관점에 따르면)과 긴밀하게 관계되어 있다.*

흡수체 이론의 개념을 양자역학에 적용하기 위해서는 맥스웰 방정식처럼 두 개의 해를 내놓는 양자 방정식이 필요하다. 즉 미래로 흘러가는 양의 에너지 파동에 상응하는 하나의 해와 과거로 흘러가는 음의 에너지 파동을 기술하는 또 하나의 해가 그것이다. 얼핏 보면 슈뢰딩거의 방정식은 이 조건을 만족시키지 못하는 것처

---

* 뒤따르는 내용은 나의 책《슈뢰딩거의 새끼 고양이들*Schrodinger's Kittens*》에서 인용한 것이다.

럼 보이는데, 왜냐하면 그 방정식은 (당연히) 우리가 과거에서 미래로 가는 것으로 해석하는 오직 한 방향으로의 흐름만을 기술하기 때문이다. 그러나 모든 물리학자들이 대학에서 배우는 것처럼(그리고 대부분의 학자들은 금방 잊어버린다), 이 방정식의 가장 널리 사용되는 판본은 불완전하다. 양자역학의 개척자 자신들이 깨달았듯, 이 방정식은 상대성이론의 요구 조건들을 고려하지 않는다. 대부분의 경우 이는 큰 문제가 되지 않으므로, 물리학도들과 심지어 대부분의 현직 양자 엔지니어들은 이 방정식의 이와 같은 단순한 판본을 기꺼이 사용한다. 그러나 상대론적 효과들을 올바르게 허용하는 파동방정식의 완전한 판본은 맥스웰 방정식과 무척이나 비슷하다. 특히 이 방정식은 두 개의 해 집합을 갖는다. 하나는 친숙하고 단순한 슈뢰딩거 방정식에 대응하고, 다른 하나는 슈뢰딩거 방정식에 대한 일종의 거울상으로서 과거로 가는 음의 에너지 흐름을 기술한다.

이와 같은 이중성은 양자역학의 맥락에서 확률을 계산할 때 가장 분명하게 드러난다. 양자적 계의 속성들은 슈뢰딩거의 파동방정식에 의해 기술되는 상태벡터라 불리는 수학적 표현에 의해서 기술된다. 일반적으로 이는 복소수다. 복소수란 $i$라고 쓰는 −1의 제곱근을 포함하는 수다. 따라서 a와 b가 일상적으로 쓰이는 수라면 a+$i$b는 복소수이고 a−$i$b도 마찬가지다. 특정한 시간에 특정한 장소에서 전자 하나를 발견할 확률을 알아내기 위해 필요한 확률 계산은 실제로 전자의 그 특별한 상태에 대응하는 상태벡터의 제곱을 계산하는 것에 의존한다.

그러나 복소 변수의 제곱을 계산한다는 것은 단순히 그 자신을 자신에게 곱하는 것을 의미하지 않는다. 대신에 당신은 또 다른 변수를 만들어야 하는데, 허수부의 앞에 있는 부호를 바꿈으로써 켤레복소수라는 거울상 판본인 변수를 만든다. 만약 부호가 +이면 −로 바꾸고, −이면 +로 바꾼다. 따라서 a−$i$b는 a+$i$b의 켤레복소수다. 이제 두 복소수를 곱하면 확률이 나온다. 하지만 계가 시간이 지남에 따라서 어떻게 변하는지를 기술하는 방정식들의 경우, 허수부의 부호를 바꿔서 켤레복소수를 찾는 절차는 시간의 방향을 바꾸는 것과 동등하다! 1926년에 막스 보른이 개발한 기본적인 확률 방정식은 그 안에 시간의 본성 및 하나는 앞선 파동을 기술하고 다른 하나는 지연된 파동을 나타내는 슈뢰딩거 방정식의 두 종류의 가능성에 대한 명시적 언급을 포함하고 있다.

이의 놀랄 만한 함축은 다음과 같다. 1926년 이래로 물리학자들이 단순한 슈뢰딩거 방정식의 켤레복소수를 취해서 이를 양자 확률을 계산하는 데 사용할 때마다, 이들은 그들 스스로가 알지 못하는 사이에 실제로 이 방정식의 앞선 파동의 해와 시간을 거슬러서 움직이는 파동들의 영향을 고려해왔다는 것이다. 양자역학에 대한 크레이머의 해석의 수학에는 아무런 문제가 없는데, 왜냐하면 슈뢰딩거 방정식으로 직결되는 수학은 정확히 코펜하겐 해석에서와 같기 때문이다. 차이는 말 그대로 오직 해석에만 있다.

크레이머가 전형적인 양자 거래를 기술하는 방식은 한 입자가 다른 시간과 공간 속에 있는 다른 입자와 악수한다고 보는 것이다. 그는 하나의 전자가 전자기 복사를 방출하고 이 복사가 다른 전자에 의해 흡수된다는 개념으로부터 시작하는데, 이러한 기술은 하나의 상태에서 시작하여 상호작용의 결과로 다른 상태로 끝나는 어떠한 양자적 개체의 상태벡터에 대해서도 꼭 들어맞는다. 예를 들어 두 개의 구멍 실험에서 한쪽에 있는 원천에서 방출되고 실험의 다른 쪽에 있는 탐지기에 의해 흡수되는 입자의 상태벡터와 잘 들어맞는다.

일상적인 언어에서 그와 같은 기술이 갖는 어려움들 중 하나는, 시간 속에서 동시에 두 방향으로 움직여서 일상 세계에서의 시계로 측정하면 즉각적으로 발생하는 그와 같은 상호작용들을 어떻게 다룰 것인지의 문제다. 크레이머는 사실상 시간 밖에 서 있음으로써, 즉 일종의 유사시간pseudotime을 이용한 기술이라는 의미론적 장치를 통해서 이 문제를 해결한다. 이것은 의미론적 장치 그 이상도 이하도 아니지만, 분명 이 장치는 대부분의 사람들이 그들의 마음속에 이 상황에 대한 직접적인 그림을 그릴 수 있게 도와준다.

이 장치가 말하는 바는 다음과 같다. 이 그림에서 양자적 개체(방출기)가 외부 세계와 상호작용할 때, 이 개체는 미래로 전파하는 지연된 파동과 과거로 전파하는 앞선 파동의 시간 대칭적 혼합물인 장을 생성함으로써 그와 같은 상호작용을 한다. 무엇이 일어나는지에 대한 그림을 얻기 위한 첫 번째 단계는 앞선 파동을 무시하고 지연된 파동의 이야기를 따르는 것이다. 이 파동은 자신이 상호작용할 수 있는 개체(흡수체)와 마주칠 때까지 미래로 이동할 것이다. 상호작용 과정에는 두 번째 개체가 정확히 첫 번째의 지연된 장을 상쇄시키는 새로운 지연된 장을 생성하도록 하는 것이 포함된다. 따라서 흡수체의 미래에서는 알짜 효과로서 지연된 장이 존재하지 않게 된다.

그러나 흡수체는 또한 시간을 거슬러서 방출기로 가는 음의 앞선 파동을 생성하는데, 이는 원래의 지연된 파동의 경로를 되짚는다. 방출기에 다다른 이 앞선 파동은 흡수되어 원래의 개체가 두 번째의 앞선 파동을 과거로 복사하도록 뒷걸음질시킨다. 이때의 '새로운' 앞선 파동은 정확히 '원래의' 앞선 파동을 상쇄시켜 원래의 방출이 일어난 순간 이전의 과거로 돌아가는 실질적인 복사는 존재하지 않게끔 만든다. 결국 남는 것은 방출기와 흡수체를 연결하는 이중 파동인데, 미래로 양의 에너지를 운반하는 절반의 지연된 파동과 과거로(음의 시간 방향으로) 음의 에너지를 운반하는 절반의 앞선 파동으로 구성된다.

두 개의 음은 양을 만들기 때문에, 앞선 파동은 마치 이것 역시도 방출기에서 흡수체로 이동하는 지연된 파동인 것처럼 원래의 지연된 파동에 더해진다. 음의 에너지와 음의 시간이 더해져 미래로 향하는 양의 에너지를 만드는 것이다. 이를 크레이머는 다음과 같이 말한다.

> 방출기는 흡수체로 이동하는 '제안offer' 파동을 생성한다고 간주될 수 있다. 그러면 흡수체는 방출기에게 '승인confirmation' 파동을 되돌려보내고, 시공간을 가로지르는'악수'와 함께 거래가 완료된다.*

그러나 이는 오직 유사시간의 관점에서 본 사건들의 계열일 뿐이다. 실재에서 이 과정은 비시간적이다. 이는 단번에 일어난다.

크레이머는 다음과 같이 말한다. "만약 사건의 사슬에서 특별한 하나의 고리가 있다면 그것은 사슬을 끝내는 고리가 아니다. 그것은 바로 사슬이 시작될 때의 고리다. 그 순간 방출기는 제안 파동으로부터 다양한 승인 파동들을 접수한 후 확률의 규칙들에 따라 이 파동들 중 하나를 무작위적으로 선택해서 강화한다. 이와 같은 방식으로 그 특정한 승인 파동을 하나의 완결된 거래로

---

* 《현대 물리학 리뷰》(1986) 제58호, 647쪽.

서 실재성을 띠게 한다. 비시간적 거래는 종결 지점에서는 '그런 순간'을 갖지 못한다."

이 해석이 어떻게 두 개의 구멍 실험의 미스터리를 해결할까? 거래 해석에 따르면 지연된 '제안 파동'은 실험에서 두 개의 구멍을 통해서 퍼져나가고, 탐지 스크린으로부터 앞선 '승인 파동'을 촉발시키는데, 승인 파동은 두 개의 구멍을 거꾸로 이동하여 방출 원천으로 되돌아간다. 각각의 입자는 어떤 제안을 수용할 것인지를 무작위적으로 선택하며, 이러한 선택이 간섭무늬를 만든다. 그러나 만약 이 실험의 또 다른 판본인 정교한 지연된 선택 실험에서처럼, 입자가 그 여행을 떠나고 난 뒤에 두 개의 구멍 중 하나가 닫힌다면 입자는 이미 이에 대해서 '알고 있다.' 왜냐하면 승인 파동이 악수를 하기 위해 되돌아갈 때 오직 하나의 구멍을 통과했기 때문이다. 크레이머는 다음과 같이 말한다.

관측자가 어떤 실험을 언제 수행하느냐는 문제는 더 이상 중요하지 않다. 관측자가 실험의 구성과 경계 조건들을 결정하면, 거래는 그에 따라서 형성된다. 더 나아가, 탐지 사건이 측정(다른 상호작용과 대조된

다는 의미에서)을 포함한다는 사실은 더 이상 중요
하지 않으며, 따라서 이 과정에서 관측자는 특별한 역
할을 하지 않는다.

양자물리학의 퍼즐들을 해결하는 데 거둔 이와 같은 성공은 상식과는 상반되는 것으로 보이는 단 하나의 개념을 수용하는 것을 그 대가로 삼아 이루어졌다. 그것은 바로 양자 파동의 일부분이 실제로 시간을 거슬러서 이동할 수 있다는 개념이다. 얼핏 보면 이는 원인이 항상 그 원인이 촉발시키는 현상에 선행해야 한다는 우리의 직관과 극명하게 불일치하는 것 같다. 그러나 이를 자세하게 살펴보면 거래 해석에 의해 요구되는 종류의 시간 여행은 어쨌든 인과성에 대한 일상적인 개념을 위배하지 않음이 드러난다. 시간을 역행하는 앞선 양자 파동의 도움을 받아 비시간적 악수가 이루어질 때, 이러한 현상이 일상 세계에서 인과율이라는 논리체계에 어떠한 영향을 미치지는 않는다.

거래 해석이 시간을 다루는 방식이 상식과 다르다는 것에 놀라서는 안 된다. 왜냐하면 거래 해석은 명시적으로 상대성이론의 효과들을 포함하기 때문이다. 이와 대조적으로 코펜하겐 해석은 시간을 고전적 방식, '뉴턴적' 방식으로 다루며, 이것이 바로 벨의 부등식을 측정하는 양자 실험의 결과들을 코펜하겐 해석으로 설명하고자 할 때 발생하는 모순의 핵심이다. 만약 빛의 속도가 무한하다면 문제들은 사라질 것이다. 벨의 부등식을 포함하는 과정들에 대한 국소적 기술과 비국소적 기술 사이의 차이가 없을 것이고, 일반적인 슈뢰딩거 방정식은 무슨 일이 일어나는지에 대한 정확한 기술이 될 것이다. 사실상 일반적인 슈뢰딩거 방정식은 빛의 속력이 무한대일 때 올바른 '상대론적' 방정식이다.

비시간적인 악수가 자유의지의 가능성에 어떤 영향을 미칠까? 얼핏 보면 모든 것이 과거와 미래 사이의 이와 같은 소통에 의해 확정되어 있는 것처럼 보인다. 방출되는 모든 광자는 이미 자신이 언제 어디에서 흡수될 것인지를 '알고 있다.' 두 개의 구멍 실험에서 빛의 속도로 슬릿을 빠져나가는 모든 양자 확률 파동은 이미 다른 편에서 자신을 기다리고 있는 것이 어떤 종류의 탐지기인지를 '알고 있다.' 우리는 고정된 우주의 상에 직면한다. 이 우주에서는 시간도 공간도 의미를 가지지 않으며, 이제까지 그러했고 앞으로도 그러할 모든 것이 그저 존재할 따름이다.

그러나 나의 시간틀에서 결정은 진정한 자유의지를 통해서 이루어지며 그 결과를 확실히 알지 못한 채 이루어진다. (인간적 선택과 원자의 붕괴를 포함하는 양자적 '선택' 모두에서) 결정을 하기 위해서는 (거시적인 세계에서의) 시간이 필요하며, 이러한 결정이 미시적인 세계의 비시간적 실재를 만들어낸다.

크레이머는 자신의 해석이 종래의 양자역학 해석들과 다른 예측을 전혀 하지 않으며, 이것은 사람들이 양자 세계에서 무슨 일이 일어나는지를 명료하게 생각하도록 도와주는 개념적인 모형으로서 제시되었다고 애써 강조한다. 이 개념적 도구가 특히 학생들을 가르치는 데 유용할 것이며, 신비로운 양자적 현상에 대한 우리의 직관과 통찰을 발전시키는 데 상당한 가치를 가질 것이라고 힘주어 말한다. 그러나 이런 점에서 거래 해석이 다른 해석들에 비해 손해를 본다고 느낄 필요는 없는데, 왜냐하면 양자역학에 대한 모든 해석은 우리가 양자 현상을 이해하는 것을 돕기 위해 고안된 개념적 모형에 지나지 않기 때문이며, 모든 해석은 동일한 예측들을 제시하기 때문이다.

바로 그 점이 문제다. 모든 해석은 서로 동등하게 좋은 해석들이다. 바로 그런 의미에서 모든 해석은 같은 정도로 나쁘기도 하다. 적어도 이는 당신이 가장 큰 위로를 주는 해석을 자유롭게 선택할 수 있고 나머지 해석들은 무시할 수 있음을 의미한다.

나오며

# 제정신인 말이 하나도 없는

지난 90년 동안 지구 위의 가장 뛰어난 과학자들이 양자역학의 의미를 밝히기 위해 씨름해왔다.

내가 이 책에서 기술한 양자역학의 여섯 가지 해석들은 지금까지 과학자들이 제시한 최고의 생각들로, 아래와 같이 간략하게 요약할 수 있다.

**해석 1** 우리가 보지 않는 이상 세계는 존재하지 않는다.

**해석 2** 입자들은 보이지 않는 파동의 안내를 받아 움직이지만, 입자들은 파동에 영향을 미치지 않는다.

**해석 3** 일어날 수 있는 모든 일은 평행한 실재들의 배열 속에서 실제로 일어난다.

**해석 4** 일어날 수 있는 모든 일은 실제로 이미 일어났고 우리는 오직 그 일부만을 알아차린다.

**해석 5** 모든 것은 마치 공간이 존재하지 않는 것처럼 다른 모든 것들에 순간적으로 영향을 미친다.

**해석 6** 미래는 과거에 영향을 미친다.

파인만은 그의 책《물리법칙의 특성*The Character of Physical Law*》에서 다음과 같이 말한 바 있다. "나는 그 누구도 양자역학을 이해하지 못한다고 말해도 무방하다고 생각한다. …… 만약 당신이 피할 수만 있다면 다음과 같은 질문은 가급적이면 스스로에게 던지지 말라. '어떻게 세계가 그렇게 돌아갈 수 있는 거지?' 왜냐하면 당신은 그 질문을 함으로써 지금껏 그 누구도 탈출한 바 없는 막다른 골목에서 헛된 시간 낭비를 할 것이기 때문이다. 그 누구도 어떻게 세계가 그렇게 돌아갈 수 있는지 알지 못한다."

## 옮긴이의 말

21세기는 전자정보통신의 시대다. 오늘날 우리는 스마트폰과 같은 전자기기들을 일상에서 친숙하게 사용하고 있다. 그런데 20세기 전반기에 미시세계를 기술하는 물리 이론인 양자역학이 수립되어 발전하지 않았다면 우리는 이처럼 고도로 발전한 전자정보통신 기술의 혜택을 누릴 수 없었을 것이다. 실로 양자역학의 효과는 우리 삶 곳곳에 스며들어 있다.

흥미로운 사실은 체계적인 수학 이론인 양자역학을 갖고 있음에도 불구하고 이 이론이 세계에 대해서 무엇을 말하고 있는지는 여전히 아리송하다는 것이다. 물리학자들은 양자역학의 원리들과 공식들을 익힌 후 이를 알려지지 않은 현상을 예측하거나 새로운 기술을 개발하는 데 능숙하게 사용하고 있다. 하지만 양자역학이 말하는 세계의 작동 방식이 무엇인지를 일상의 언어를 사용하여 이해할 수 있게 설명해주는 물리학자를 찾기는 쉽지 않다.

그런데 과학의 역사 속에서 이런 상황은 제법 흔했다. 과학자들이 자연 현상을 성공적으로 예측하지만 그 내용을 이해하기 힘든 이론을 갖고 있던 경우가 여럿 있었다. 1687년 뉴턴이《자연철학의 수학적 원리》를 발표했을 때, 뉴턴을 비롯한 과학자들은 멀리 떨어진 두 질량체가 어떻게 서로를 순식간에 끌어당기는지 이해할 수 없었다. 뉴턴 역학이 자연 현상을 성공적으로 예측하는 것이 확인된 후, 점차 과학자들은 중력 작용을 그저 당연하게 받아들이게 되었지만 중력과 관련된 개념적 난점들은 여전히 남아 있었다. 이는 하나의 대표적인 예일 뿐이다. 다양한 시행착오, 우연, 집중된 노력이 결합하여 개발된 과학 이론이 잘 작동함에도 불구하고 그 이론의 의미를 제대로 이해하지 못하는 경우가 적지 않았다.

21세기인 오늘날의 양자역학에도 여러 개념적 난점들이 남아 있다. 어쩌면 자연 세계를 완벽하게 파악하는 것은 불가능한 일이며, 그래서 자연을 탐구하는 것은 인간에게는 끝없이 펼쳐진 모험일 수 있다. 양자역학은 완전하지 않다. 그렇기에 우리는 먼 훗날 양자역학보다 좀 더 나은 이론이 나타날 것이라 기대한다. 상대성이론이 뉴턴 역학의 개념적 난점들을 상당 부분 바로잡은 것처럼(상대성이론 역시 완전하지 않다), 아마도 미래에 나타날 새로운 양자이론은 현재의 양자역학 속 여러 개념적 난점들을 개선할 수 있을 것이다.

책을 쓴 존 그리빈은 뛰어난 과학저술가다. 그는 물리학자 리처드 파인만의 전기를 비롯하여 일반인들이 쉽게 이해할 수 있는 물리학 관련 저서들을 여러 권 집필했고, 나 역시 그가 쓴 책들을 읽으며 과학을 이해하는 기쁨을 느꼈다. 훌륭한 저술가가 집필한 책을 우리말로 번역하는 것은 즐거운 일이었다. 무엇보다도 나는 이 책을 통해 우리가 여전히 자연에 대한 완벽한 이론을 갖고 있지 못하다는 것, 자연 세계에는 여전히 풀지 못한 흥미로운 수수께끼들이 많이 있다는 사실을 사람들과 함께 나누고 싶다. 독자들이 이 책을 읽으며 양자 세계의 미스터리에 빠져들어 세계에 대한 생생한 흥미와 호기심을 느낄 수 있길 바란다.

좋은 책을 번역할 기회를 주시고 글을 다듬고 예쁜 책으로 만들어주신 바다출판사 편집부와 디자인팀 식구들께 감사드린다. 내 곁에서 늘 응원해 준 아내 은혜, 큰딸 지윤, 둘째 서윤, 셋째 태현에게도 감사의 마음을 전한다. 훗날 나의 아이들이 읽어보길 바라는 마음으로 이 책을 번역했다. 여러 도움을 받았음에도 불구하고 책 속 번역의 오류는 모두 역자의 책임임을 밝힌다. 책에 관한 좋은 의견 주시면 추후 반영할 것을 약속드리며 글을 마친다.

2022년 5월 강형구

# 더 읽을거리

## 쉬운 책들


- 필립 볼Philip Ball, 《기이함을 넘어서*Beyond Weird*》(Bodley Head, London, 2018)
- 브라이언 클레그Brian Clegg, 《양자의 시대*The Quantum Age*》(Icon Books, London, 2014)
- 존 그리빈John Gribbin, 《양자 미스터리*The Quantum Mystery*》(Kindle Single)
- 데이비드 린들리David Lindley, 《이 기이함이 향하는 곳은 어디인가?*Where Does The Weirdness Go?*》(Basic Books, New York, 1996)
- 조지 머서George Musser, 《유령과 같은 원격 작용*Spooky Action at a Distance*》(Scientific American/Farrar, Strauss & Giroux, New York, 2015)
- 하인즈 페이겔스Heinz Pagels, 《우주의 암호*The Cosmic Code*》(Michael Joseph, London, 1982)
- 유언 스콰이어즈Euan Squires, 《양자 세계의 미스터리*The Mystery of the Quantum World*》, 제2판(Institute of Physics, Bristol, 1994)

### 중간 수준의 책들

- 존 크레이머John Cramer, 《양자 악수*The Quantum Handshake*》(Springer, Heidelberg, 2016)
- 리처드 파인만Richard Feynman, 《물리법칙의 특성*The Character of Physical Law*》, 개정판(Penguin, London, 1992)

### 어려운 책들

- 존 벨John Bell, 《양자역학에서 말할 수 있는 것과 말할 수 없는 것*Speakable and Unspeakable in Quantum Mechanics*》(Cambridge University Press, 1987)
- 리처드 파인만Richard Feynman, 로버트 레이턴Robert Leighton, 매슈 샌즈Matthew Sands, 《파인만의 물리학 강의*The Feynman Lectures on Physics*》 제3권(Addison-Wesley, Reading, MA, 1965)
- 레너드 서스킨드Leonard Susskind, 아트 프리드먼Art Friedman, 《양자역학*Quantum Mechanics*》(Allen Lane, London, 2014) (아주 어렵지만 매우 철저하게 전개한다.)

### 재미있는 자료

- https://www.poetryfoundation.org/poems/43909/the-hunting-of-the-snark

## 그림 출처

| | |
|---|---|
| 9쪽 | Niels Bohr Archive, courtesy AIP Emilio Segrè Visual Archives, Physics Today Collection |
| 24쪽 | Tonomura, A., Endo, J., Matsuda, T., Kawasaki, T. and Ezawa, H., 1989. Demonstration of single-electron buildup of an interference pattern. American Journal of Physics, 57(2), pp.117-120. |
| 30쪽 | AIP Emilio Segrè Visual Archives, Physics Today Collection |
| 43쪽 | AIP Emilio Segrè Visual Archives, Paul Ehrenfest |
| 56쪽 | AIP Emilio Segrè Visual Archives, Margrethe Bohr Collection |
| 61쪽 | AIP Emilio Segrè Visual Archives, W. F. Meggers Gallery of Nobel Laureates Collection |
| 64쪽 | AIP Emilio Segrè Visual Archives, Franck Collection |
| 74쪽 | AIP Emilio Segrè Visual Archives, Physics Today Collection |

81쪽 Getty Images

98쪽 Getty Images

112쪽 University of Illinois, courtesy AIP Emilio Segrè Visual Archives, W. F. Meggers Gallery of Nobel Laureates Collection

137쪽 Nir Bareket

이토록 기묘한 양자

초판 1쇄 발행 2022년 5월 20일
초판 2쇄 발행 2023년 3월 28일

지은이 존 그리빈
옮긴이 강형구
기획 김은수
책임편집 이기홍
디자인 주수현

펴낸곳 (주)바다출판사
주소 서울시 종로구 자하문로 287
전화 02 - 322 - 3885(편집) 02 - 322 - 3575(마케팅)
팩스 02 - 322 - 3858
이메일 badabooks@daum.net
홈페이지 www.badabooks.co.kr

ISBN 979-11-6689-087-1 03420